U0161706

油田化学核心理论与先进技术研究

余兰兰　著

中国纺织出版社有限公司

内 容 提 要

油田化学是研究油田钻井、采油和原油集输过程中化学问题的科学。油田化学剂在油田开发各个环节中应用十分广泛，具有增加黏度、稳定黏土、降低摩阻、防止腐蚀、杀灭细菌、降低界面张力、防止滤失、堵塞高渗透层和提高驱油效率等作用。本书旨在系统介绍油田化学基础理论及先进技术，全书共五章，主要内容包括油田化学的理论基础、钻井化学技术、采油化学技术、集输化学技术、油田化学先进技术的发展与应用。

图书在版编目（CIP）数据

油田化学核心理论与先进技术研究 / 余兰兰著 . -- 北京：中国纺织出版社有限公司，2023.9
ISBN 978-7-5229-1082-6

Ⅰ.①油⋯　Ⅱ.①余⋯　Ⅲ.①油田化学－研究　Ⅳ.① TE39

中国国家版本馆 CIP 数据核字（2023）第 190952 号

责任编辑：段子君　　责任校对：高　涵　　责任印制：储志伟

中国纺织出版社有限公司出版发行
地址：北京市朝阳区百子湾东里 A407 号楼　邮政编码：100124
销售电话：010—67004422　传真：010—87155801
http://www.c-textilep.com
中国纺织出版社天猫旗舰店
官方微博 http://weibo.com/2119887771
北京虎彩文化传播有限公司印制　各地新华书店经销
2023 年 9 月第 1 版第 1 次印刷
开本：710×1000　1/16　印张：12
字数：194 千字　定价：99.90 元

前　言

　　油田化学是研究油田钻井、采油和原油集输过程中化学问题的科学。油田化学剂在油田开发各个环节中应用十分广泛，具有增加黏度、稳定黏土、降低摩阻、防止腐蚀、杀灭细菌、降低界面张力、防止滤失、堵塞高渗透层和提高驱油效率等作用。在注水中应用的化学剂有黏土稳定剂、杀菌剂、防垢剂和缓蚀剂等，在压裂中应用的有增稠剂、交联剂、破胶剂、降阻剂、防滤失剂、助排剂和杀菌剂等，在酸化中应用的有各种类型的酸、缓蚀剂、稠化剂和铁离子稳定剂等，在提高采收率中应用的有各类聚合物、表面活性剂、发泡剂和牺牲剂等。

　　随着世界油气勘探程度的不断提高，条件比较好的常规油气发现的数量在减少，而且规模也在变小，油气勘探的重点领域逐渐转向条件恶劣的深水、沙漠、极地及偏远地区。在油气开发方面，成熟油气区常规油气资源的开采难度逐渐加大，对油气藏管理的要求越来越高，提高采收率已成为增储上产的重要途径。新发现的大型油气大多集中在深海，这些油气田的开发面临极大的技术挑战。非常规油气资源潜力巨大，近年来，随着技术的进步，越来越多的非常规油气资源得以开发。在油气勘探开发难度增加的同时，环境保护的要求也在不断提高。油气的勘探和开采都会产生大量的污染源，如果处理措施不当，会造成极其严重的环境破坏。在当今大力倡导绿色发展的形势下，油气行业需要增强环保意识，并努力做好环境保护工作。无论是复杂地区的油气勘探、老油区的增储上产，还是勘探开发过程中的环境保护，都需要有先进的新技术。

　　本书旨在系统介绍油田化学基础理论及先进技术，全书共五章，主要内容包括油田化学的理论基础、钻井化学技术、采油化学技术、集输化学技术、油田化学先进技术的发展与应用。

由于作者水平有限，加之时间仓促，书中难免有疏漏之处，恳请同行专家、学者和广大读者不吝指正。

东北石油大学　余兰兰

2023年1月

目　录

第一章 油田化学的理论基础

本章主要对油田化学的相关基础理论展开讨论，限于篇幅，主要对表面活性剂化学、聚合物化学、油田水化学等进行分析与论述。

第一节 表面活性剂化学

在许多工业领域，表面活性剂是不可缺少的助剂，其优点是用量少、收效大。如今，表面活性剂已在民用洗涤、石油、纺织、农药、医药、冶金、采矿、机械、建筑、造船、航空、食品、造纸等各个领域中得到应用。

表面活性剂有两个重要的性质：一是在各种界面上的定向吸附，二是在溶液内部能形成胶束（micelle）。前一个性质是许多表面活性剂用作乳化剂、起泡剂、湿润剂的根据，后一个性质是表面活性剂常有增溶作用的原因。

一、表面活性剂溶液

表面活性剂一词来自英语surfactant。它实际上是短语surface active agent的缩合词。它还有一个名字叫作tenside。凡加入少量而能显著降低液体表面张力的物质，统称为表面活性剂。它们的表面活性是对某特定的液体而言的，在通常情况下则指水。表面活性剂一端是非极性的碳氢链（烃基），与水的亲和力极小，常称疏水基；另一端则是极性基团（如—OH、—COOH、—NH$_2$、—SO$_2$H等），与水有很大的亲和力，故称亲水基，总称"双亲分子"（亲油亲水分子）。为了达到稳定，表面活性剂溶于水时，可以采取两种方式：一是在液面形成单分子膜；二是形成"胶束"。

（一）临界胶束浓度

一般认为，表面活性剂在溶液中，超过一定浓度时会从单个离子或分子缔合成为胶态的聚集物，即形成胶束。溶液性质发生突变时的浓度，即胶团开始形成时溶液的浓度，称为临界胶束浓度（CMC）。

当肥皂溶解于水时，表面活性剂分子可以通过两种方式达到稳定状态：一是被吸附于液体表面，极性端朝向极性的水，非极性端朝向非极性的空气，从而使水—空气界面上的极性差减小，表面张力降低。二是分子留在水中，聚集在一起，憎水的非极性端向内互相靠拢，亲水端向外，形成胶束，如图1-1所示。其结果是非极性的憎水基完全被极性的亲水基包围在内部，与水脱离接触。所以，胶束表现为亲水性质，可以稳定地存在于水中。

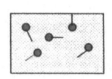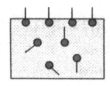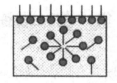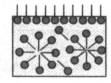

图1-1　表面活性剂在水中的分布与浓度的关系

图1-1表示表面活性剂在水中的分布与浓度的关系。开始时，表面活性剂浓度很小，对水的表面张力几乎没有影响。随着浓度的增加，表面层中的表面活性剂浓度增大，使表面张力急剧降低，同时，在水中也形成少量的小胶束。最后，表面层全部被表面活性剂分子占据。浓度再增大时，就只能形成胶束，这时表面张力再也不会随着浓度的增加而降低了。一般表面活性剂的CMC值为$10^{-5} \sim 10^{-4}$mol/L。通常将表面活性剂浓度低于CMC的溶液称为活性水，表面活性剂浓度高于CMC的溶液称为胶束溶液。

影响表面活性剂CMC的因素主要有盐、表面活性剂的分子结构、醇、高分子等。CMC随盐的加入量增加而降低。CMC随表面活性剂烷基碳原子数增加而下降，长碳链脂肪醇可使阴离子表面活性剂的CMC降低，低浓度低碳链脂肪醇可使CMC降低，但高浓度低碳链脂肪醇可使CMC升高。对于表面活性剂稀溶液，高分子的存在使非离子型表面活性剂的CMC增大，使离子型表面活性剂的CMC减小。

当表面活性剂浓度超过CMC后，表面活性剂球状胶束在适当条件（温度、电解质、pH等）下可以继续生长，转化为棒状胶束（蠕虫状胶束）、囊泡等结构，从而产生类似高分子化合物溶液的高黏弹性等性能。

（二）表面活性剂在界面上的吸附

表面活性剂分子结构的特点决定了水溶液中表面活性剂分子在液–气或液–液界面上的定向排列呈图1–1所示的方式。表面活性剂分子在界面上的定向排列便产生了界面与体相中的浓度差，这一现象称为表面过剩或吸附。

二、表面活性剂的作用及应用

表面活性剂通过破坏油–水和（或）水–污垢间的界面来发挥洗涤剂的作用，它们还可以使这些油和污垢悬浮起来以便去除。之所以能以这种方式发挥作用，是因为它们既含有亲水基团，如阴离子酸根（如羧酸盐或硫酸盐基团），也含有疏水基团，如烷基链。如图1–2所示，水分子倾向于聚集在前者附近，而水不溶性物质分子则聚集在后者附近。

表面活性剂具有许多关键的物理化学性质，这对于确定其功能及应用于特定的化学条件（如清洁织物）非常重要。在油田化学中，这些性质通常决定了表面活性剂的用途和应用。它们可以被用来增强特定的表面活性剂效果，并因此使其在特定的环境下更有效。这不仅可以通过特定的表面活性剂设计来实现，而且可以通过复配表面活性剂和其他化学品（如聚合物）来实现。

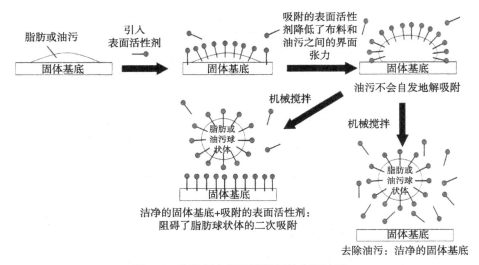

图1–2 洗涤剂中表面活性剂的去污过程

（一）疏水作用和胶束形成

在较低浓度的水溶液中，表面活性剂尤其是阴离子表面活性剂和阳离子表面活性剂作为盐或电解质；但是在较高浓度下，它们会有不同的表现。这是由于表面活性剂分子会有组织地自发聚集成胶束（图1-3）。在这些胶束中，表面活性剂的亲油基或疏水端聚集在结构的内部，而亲水端面朝水相。

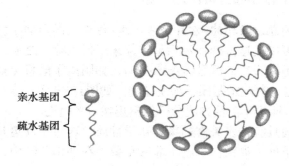

亲水基团
疏水基团

图1-3　胶束结构

之所以会在水中形成胶束，通常认为动力来源是疏水的烷基为了避免与水接触，而亲水的极性基团则倾向于与水接触。众所周知，烃类（如原油）和水是不混溶的，疏水物质在水中的有限溶解度被称为疏水效应。尽管胶束由"游离分子"聚集形成，但非聚集单元有时被称为单聚体，并且可能包括单聚合物单元，由两个或更多个单体单元组成。

表面活性剂的胶束化也是疏水效应的一个例子。在胶束化中有两种相反的力在起作用。一种是烃尾的疏水性，有利于胶束的形成；另一种是表面活性剂头基之间的排斥。目前存在大量关于温度、压力和溶质的添加对疏水（憎水）相互作用强度影响的信息。然而，不同方法获得的结果之间存在许多差异。一些用于疏水相互作用研究的模型也与胶束化过程的理解相关。胶束化的驱动机制是将烃链从水中转移到油状内部。离子表面活性剂可形成胶束的这一事实表明，疏水驱动力大到足够克服由表面活性剂头基引起的静电排斥。

（二）表面活性剂溶解度和克拉夫特点

浓度在高于和低于特定表面活性剂浓度，即临界胶束浓度（CMC）时，表面活性剂的物理化学行为存在显著差异。当表面活性剂浓度低于CMC时，离子表面活性剂的物理化学性质与强电解质相似；当表面活性剂浓度高于CMC时，随着胶束化的高度协同缔合过程的发生，这些性质发生了显著变化。实际上，对于给定的表面活性剂-溶剂系统，几乎所有的物理化学性质与浓度曲线都会在很小的浓度范围内显示出斜率突变，这种变化发生的浓度即CMC。

由单体形成的胶束涉及快速、动态的离解-缔合平衡。胶束在表面活性剂单体的稀溶液中是检测不到的，但随着表面活性剂的总浓度增加，在较小的浓度范围内可以检测到胶束的存在，超过该浓度，几乎所有额外的表面活性剂都形成胶束。游离表面活性剂、平衡离子和胶束的浓度与总表面活性剂浓度的关系如图1-4所示。当表面活性剂浓度超过CMC时，游离表面活性剂的浓度基本上是恒定的，而平衡离子浓度增加，并且胶束浓度近似线性地增加。

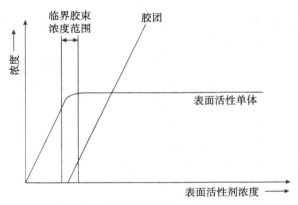

图1-4 表面活性剂浓度与CMC之间的关系

CMC是各种工业应用中的重要参数，包括油田应用，涉及表面活性剂分子在界面处的吸附，例如气泡、泡沫、乳液、悬浮液和表面涂层。它可能是表征胶体和表面活性剂溶质表面行为最简单的方法，反过来，这决定了它的工业实用性。许多油田化学过程都是动态过程，在于它包含界面面积的快速增加，例如发泡、表面（岩石）润湿、乳化和破乳。

大量的方法被用于测定表面活性剂的CMC。只要测量准确，大多数物理化学性质的变化都可以用来确定CMC。水介质和非水介质中大量表面活性剂的CMC都被进行了汇总。以下是获得表面活性剂CMC最常用的方法：紫外／可见、红外光谱；荧光光谱；核磁共振；电导率；量热法；光散射；表面张力。

在确定CMC时，油田化学面临的一个特殊问题是CMC主要是在实验室环境条件下确定的，并假设这些值适用于高温高压条件，所讨论的含水流体通常也具有高盐度和高硬度。此外，在上游工业中，所有主要类型的表面活性剂都是值得关注的，其中一些很难测得其CMC，尤其是非离子表面活性剂和两性表面活性剂。此外，油田应用的许多表面活性剂是与其他化学产品一起作为混合物或配方使用的，这可能会产生复杂的影响，并取决于添加的物质是溶于胶束还是胶间溶液中。

在油田化学中，表面活性剂在高温下用作蒸汽驱的添加剂，以产生泡沫从而提高波及效率。在提高高温油藏的采收率（EOR）方面，表面活性剂是化学驱段塞的一部分。在这些应用中，CMC的知识及在各种温度下计算活度系数（如溶解度、CMC和相行为性质）的能力对于它们成功地或者至少是最经济地实施是至关重要的。

大多数表面活性剂浓度必须高于CMC，才能具有形成泡沫或驱油的性能。表面活性剂的CMC在高温下显著增加，因此，知道应用温度时的CMC对油田开发施工设计很重要。然而，学术界在这方面做的工作很少。同样关键的是，关于CMC其他附加效应方面的工作做的也很少。

在中等温度下，盐和醇的存在会降低表面活性剂的CMC。已知脂肪醇会在不同程度上插入分隔胶束聚集体，这取决于醇和表面活性剂的烷基链长度、表面活性剂的结构、温度、胶束尺寸和电解质浓度。这种分隔在很大程度上决定了在醇的存在下表面活性剂胶束化行为的变化。

虽然阳离子表面活性剂很少被用作EOR表面活性剂，但研究表明，具有相同尾部的阳离子表面活性剂和阴离子表面活性剂在行为上表现出相似的趋势。

在油田实际应用的温度和压力下测得CMC，尤其是非离子表面活性剂和两性表面活性剂，许多既定方法并不可行。以下两种方法是适用的：旋滴法测量表面张力；动态泡沫稳定性测量。

总的来说，CMC对温度和压力的依赖性较弱。在离子型表面活性剂溶液中加入电解质，电解质的浓度和CMC呈线性关系。而在非离子胶束的情况下，电解质的加入对CMC几乎没有影响。当非电解质被添加到表面活性剂胶束溶液中时，其效果取决于添加剂的性质。对于极性添加剂如醇类，CMC随醇浓度的增加而降低；而尿素等则有相反的作用，其会增大CMC，甚至可能抑制胶束的形成。非极性添加剂对CMC无明显影响。这些关系在选择特定油田应用的表面活性剂，以及在设计表面活性剂和其他添加剂的组合配方时都是非常重要的。

可形成胶束的离子型表面活性剂的溶解度在超过一定温度时出现突增，这就是所谓的克拉夫特点。这是由于单一表面活性剂分子的双重性使其具有有限的溶解度。然而胶束的溶解性非常好，因为它们既亲水又疏水。在克拉夫特点时，大量的表面活性剂可以分散成胶束，并且溶解度显著增大；在超过克拉夫特点时，由于CMC决定了表面活性剂单体的浓度，因此表面张力的最大减少量发生在CMC；当低于克拉夫特点时，表面活性剂的溶解度太低，无法形成胶束。因此，溶解度决定了表面活性剂的浓度。

非离子表面活性剂没有克拉夫特点，它们的溶解度随着温度的升高而降低，这些表面活性剂在超过转变温度（浊点）时会失去表面活性特征。在此温度以上，富含胶束的表面活性剂相发生分离，并且通常可以观察到浊点显著增加。

（三）表面张力效应

在石油、天然气开采和加工过程中，两相分散是常态，并且在两相之间有一个薄薄的中间区域称为界面。这种界面层的物理性质对原油采收率和加工作业非常重要，因为从储层岩石到表面加工有大量的界面区域发生许多化学反应。此外，使情况更加复杂的是，许多这些采油和加工过程都涉及的胶体分散体（如泡沫和乳化剂），同样具有较大的界面区域。在这些界面上存在大量的自由能，如果在处理原油或天然气时打破这个界面和（或）与其相互作用，就需要输入大量的能量。输入这种能量的一种方便而有效的方法是利用表面活性剂，以降低界面自由能或界面（表面）张力。加入非常少甚至百万分之几的表面活性剂就可以显著降低表面张力，减少泡沫形成所需的能量。

考虑一下液体分子就可以将表面张力具体化。分子间的引力（范德华力）除了在表面或界面区域外可以在分子之间均匀分布，界面上的不平衡将其上的分子拉向液体内部，这种表面的收缩力称为表面张力（IFT），它的作用是使表面积最小化。因此，在气体中气泡通常为球形，以使表面自由能最小化，而在两种不混溶液体（如原油和水）的乳液中，其中一种液体的液滴也有类似情况。然而，在后一个例子中，到底是哪种液体形成或正在形成液滴可能并不明显。在任何情况下都会存在一个不平衡，这导致了IFT的形成，而界面上采用一种可以最大限度地减少界面自由能的结构。

表面活性剂水溶液的表面张力在达到CMC之前急剧下降，然后在超过CMC后保持恒定。在超过这个浓度时，溶液的表面张力保持不变，因为只有单体形式有助于IFT的减小。对于小于但接近CMC的浓度，其曲线斜率基本是恒定的，表明浓度已经达到了恒定的最大值。在此范围内，表面活性剂分子覆盖了整个界面，表面张力的持续降低主要是由于表面活性剂在体相而不是在界面上活性的增加。

测量IFT的方法有很多，吊环法和旋滴法是石油和天然气应用中常用的方法。对于超低IFT的测量，通常采用旋滴法。

（四）表面吸附效应

当表面活性剂分子吸附在界面上时，IFT会减小，直至达到CMC，这是由于表面活性剂分子产生一个扩张力与正常的IFT相对抗，因此，表面活性剂的加入往往会降低IFT。这种现象被称为吉布斯效应。

表面张力有效地反映了扩张表面区域（通过拉伸或扭曲表面）的困难程度。如果表面张力过高，则需要很大的自由能来增加表面积，所以表面会趋于收缩并结合在一起。表面的组成可以与体相不同。例如，如果水与少量表面活性剂混合，则水相中可以是99.9%的水分子和0.1%的表面活性剂分子，但水的最顶层表面可以是50%的水分子和50%的表面活性剂分子。在这种情况下，表面活性剂具有大的正的"表面过剩"。在其他例子中，表面过剩可以是负的。例如，如果水与无机电解质（如氯化钠）混合，平均来说，水的表面比流体相的含盐量低，而且更纯净。

再考虑一下含有较小浓度表面活性剂的水的例子，由于水需要具有比体相更高浓度的表面活性剂，因此当水相表面积增大时，就需要从体相中移除表面活性剂分子并添加到新的表面上。如果表面活性剂的浓度稍微增加一点，就更容易得到表面活性剂分子，也就更容易将它们从体相中"拉"出来形成新的表面。由于它更加容易形成新的表面，表面张力会降低，这种效应只会持续到表面活性剂在表面或界面边界层重新建立平衡时。对于厚膜和体相液体，这可以发生得很快（几秒）；然而对于薄膜，界面区域可能没有足够的表面活性剂来快速建立平衡，这就需要从薄膜的其他部分扩散。膜的恢复过程是表面活性剂沿界面从低表面张力区域向高表面张力区域的移动过程。这是上游石油与天然气工业中许多表面活性剂应用设计中的一个重要机制，尤其是腐蚀抑制剂，它们吸附在油水和金属之间的界面上。

原则上，所有界面、表面发生的都是相同的过程。首先，可用的单体吸附到新形成的界面上，然后，必须通过分解胶束来提供额外的单体。特别是当游离单体浓度（CMC）较低时，胶束分解时间或单体扩散到新形成的界面可能是单体供应中的限速步骤，这是许多非离子表面活性剂溶液的情况。

由实验可知，许多表面活性剂的CMC可以由其溶液的某种物理性质对表面活性剂浓度作图的不连续点或拐点确定。各种类型的表面活性剂几乎所有在水介质中可测量的物理量都存在这种拐点，包括非离子型、阴离子型、阳离子型和两性离子型，并且取决于溶液中颗粒的大小和数量。

（五）除污能力、驱油和润湿性

除污能力是表面活性剂通过改变界面作用（如张力和黏度）以去除固体表面某相的能力。这种能力在表面活性剂作为洗涤剂的应用中得到了最充分的利用。洗涤剂因为更易附着在干净的表面上，所以可以除去原本附着在表面的污垢和油脂。这一特性已被用于许多油田作业中，包括但不限于开采过程、清洁过程和去除钻井作业中不需要的或已使用的钻井液以及溢油扩散中。

当一滴油滴在水中与固体表面接触时，油可以在固体表面形成一个油珠或分散形成一层薄膜。与表面具有强亲和力的液体将寻求其与表面接触的最大化并形成薄膜，使界面面积达到最大值；而亲和力较低的液体会形成油珠。亲和力称为润湿性，润湿性是通过接触角和IFT来衡量的。接触角是液-气界面与固体表面接触的角，通常利用液体来测量接触角，并通过液体来量化固体表面的润湿性。任何给定温度和压力下的固体、液体和气体都有一个特定的平衡接触角。这是通过Young方程（图1-5）以数学的方式来表示的，该方程量化了固体表面的润湿性，实际情况要比这个简单的模型复杂得多。

γ_{LV}为液体-气体界面张力或表面张力；γ_{SV}为固体-气体界面张力，非真实表面能；γ_{SL}为固体-液体界面张力；θ为接触角（液体内部的液体表面与固体表面之间的夹角）。

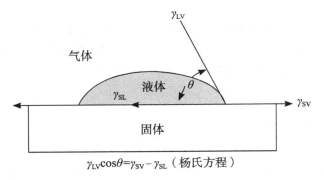

$$\gamma_{LV}\cos\theta = \gamma_{SV} - \gamma_{SL}（杨氏方程）$$

图1-5　Young方程和接触角

在采油过程中，使用储层固有能量的一次采油的采收率为15%。二次采油通常采用水驱技术，可以增加15%的采收率。这意味着仍然有70%的原油被圈闭于储层岩石孔隙中。在三次采油（EOR）过程中，采用技术改变毛细管压力、黏度、IFT和润湿性来将圈闭的油驱替出岩石孔隙，这可能是一项复杂的工程和经济挑战。

30多年前就已经发现在水驱（二次采油）后，驱替非连续相的原油（通常称为残余油）是 $\Delta p/(L\sigma)$ 的函数，其中 Δp 代表距离为 L 的压力降，而 σ 代表油和水之间的IFT。

已经确定的是，在超过 $\Delta p/(L\sigma)$ 的临界值之前，无法驱替出多孔岩石中的残余油。临界比为 $\Delta p/(L\sigma)$，这是储层岩石的基本性质。如果通过施加更大的压力或降低油水界面张力（或两者一起）的方式超过这个临界值，就能采出一些额外的原油。额外原油的确切数量始终是随比值 $\Delta p/(L\sigma)$ 增加的单调递增函数。为了采出既经济、数量又可观的原油，至少应该超过临界 $\Delta p/(L\sigma)$ 值一个数量级。通过利用表面活性剂和压力梯度的不同组合来降低油水界面张力，在实验室中可以获得较高的采收率。然而，在将实验结果应用到储层时，必须使用极低的油水IFT值以避免过高的水驱压力导致地层破裂。一般来说，要达到这一目的，需要各种表面活性剂与聚合物结合并在碱性条件下使用。

自20世纪50年代以来，就已确认表面活性剂对萃取和EOR过程是有利的，特别是对稠油和沥青焦油砂。对于碱性环境或pH至少为12的环境条件下的非离子表面活性剂尤其如此。浓度在0.1%左右的表面活性剂通常足以达到自发乳化的目的，从而提高焦油砂中油的可采产量。一般来说，水溶性碱金属卤化物、硫酸盐、碳酸盐、磷酸盐等适用于此目的，用量一般从几乎可忽略到质量分数约为5%，而对于某些现场条件，有时可能需要更高的浓度。

重要的是，尽管表面活性剂、表面活性剂组合以及碱与表面活性剂组合被用于EOR过程，它们也常与聚合物特别是聚丙烯酰胺（PAM）结合使用。虽然EOR中表面活性剂的主要用途之一是降低IFT，但它们也用于改变润湿性。

（六）润湿性改变

表面活性剂吸附到多孔介质（如储层岩石）上可以改变介质表面的润湿性质。这在EOR中对于混合润湿或主要是油湿的储层是有利的。在这种情况下，用表面活性剂降低接触角，使储层更加润湿。

世界上超过一半储量的石油储存于碳酸盐岩储层中，导致这些储层的原油采收率较低的因素有很多。其中，储层的油湿性质是导致这些碳酸盐岩储层原油采收率较低的主要因素之一，因此，许多研究都集中在改变储层润湿性和降低IFT上。化学驱EOR特别是表面活性剂的使用可以导致润湿性改变和IFT变化。研究表明，润湿性改变只在IFT较高时才起重要作用，并主要在早期现场应用过程中有效。而IFT在润湿性改变与否的情况下都起着非常重要的作用，并且在整个过程中都是有效的。这意味着需要优选阴离子表面活性剂和阳离子表面活性剂分别用来降低IFT和改变储层润湿性。另一个结果是在较低IFT情况下表面活性剂润湿性改变的过程中，重力驱动是一个非常重要的机制。化学物质的分子扩散影响早期现场应用的原油采收率，但不影响最终采收率。

在裂缝性砂岩储层中，水驱效率取决于水自发渗吸进入含油基质岩心的过程。当基质为油湿或混合润湿时，通过渗吸只能采到微量的原油。已经证明可以向注入水中添加表面活性剂，从而使注入水能渗吸进入原本混合润湿、致密的裂缝性砂岩储层。研究还表明，使用稀释（质量分数为0.1%）的阴离子表面活性剂溶液可以改变润湿性，从油湿状态向水湿状态转变。在实验室条件下，可提高原油采收率至68%。

表面活性剂在该领域的应用研究和开发仍在继续，特别是在天然气和凝析气藏方面，以及液体解堵方面。

（七）表面电位和分散剂

当物质与极性介质（例如水）接触时，它们会获得表面电荷。在原油/水混合物中，电荷可能是由于表面酸性官能团的电离产生的；在气/水体系中，电荷可能是由于表面活性剂离子的吸附而产生的；在多孔岩石或固体悬浮液中，电荷可能是抗衡离子从内部结构携带相反电荷的矿物表面扩散产生的。在油田作业现场，这种表面带电系统的性质和程度要复杂得多。表面活性剂通过吸附作用可使这种表面电荷增加、减少或不发生显著变化。

表面电荷的存在影响附近离子的分布，其将带相反电荷的离子（抗衡离子）吸引到表面，而排斥带相同电荷的离子，因此形成了双电层（EDL）。由于分子热运动效应引起的混合，这个双电层在性质上可能是扩散的，可以看作具有一个内层和一个外层或扩散层，其中内层主要为吸附离子，而扩散层的离子是根据静电力和热效应分布的。

在颗粒扩散或在外加电场中被诱导移动时，任何与表面共价结合的分子都会随着颗粒移动。当润湿剂、分散剂或稳定剂（如表面活性剂）被强烈吸附到表面上时，它们也会随着颗粒移动。抗衡离子离表面很近，仅有1~2nm，也会随着颗粒移动。除此之外，分子有时也与表面紧密结合。但是在离表面较近的距离内，束缚较小的分子更加分散，并且不随颗粒移动。这个假想但有用的理论层被定义为剪切面。剪切面内的所有物质都被认为是随着颗粒运动的，而剪切面外的一切物质都不随着颗粒运动。换言之，当颗粒运动时，它正在剪切这个平面上的液体。

通过测量电动电位（又称Zeta电位），可以测量或量化这种表面电势。这是跨越固体和液体之间相边界的电位差，是对悬浮在液体中的颗粒电荷的测量。因此，Zeta电位被定义为剪切面上的某点与远离界面的流体中的某点之间的静电势差。因此，水悬浮液中的Zeta电位是剪切面上的电荷和自由盐离子浓度两个变量的函数。其中"自由"意味着不附着在颗粒表面。

胶体悬浮液有两种稳定方法。自然产生或添加的表面电荷能够增强静电稳定性。非极性表面活性剂或聚合物的吸附通过静态稳定来提高稳定性。

Zeta电位的平方与带电粒子之间的静电斥力成正比。因此，Zeta电位是稳定性的量度，可以通过增加绝对Zeta电位来提高静电稳定性。当Zeta电位接近于零时，与一直存在的范德华吸引力相比，静电排斥变小，不稳定性增加，导致聚集，然后沉积和相分离，这是油水分离的一个重要机制。

Zeta电位很重要，因为对于大多数实际系统，由于表面电位无法测量，也就无法直接测量Zeta电位。然而，可以通过测量粒子的静电迁移率来计算Zeta电位。虽然严格来说不正确，但利用Zeta电位替代表面电位是比较常见的做法。表面电位是表面电荷密度的函数。Zeta电位是剪切面上电荷密度的函数。Zeta电位的大小几乎总是比表面电位小得多。

了解原油采收率和原油加工中的Zeta电位对于经济高效地操作和评价添加化学表面活性剂的电荷变化至关重要。

表面活性剂，特别是离子表面活性剂，通过增加颗粒（分散）、液滴（乳化）或气泡（泡沫）之间的静电斥力来稳定胶体分散体。有人提出这种作用可以平衡分子间的范德华引力、稳定薄膜和分散。这种经典的分散稳定性概念是由德查金（Derjaguin）、朗道（Landau）、维韦（Verwey）和奥弗比克（Overbeek）提出的，称为DLVO理论。最近的实验数据表明，在短的面面距离（水化排斥）和二价与多价反离子（离子相关力）存在的情况下，传统DLVO理论存在较大偏差。这两种效应都可以解释为双层相互作用的结果，而DLVO理论没有对这一点进行解释。

还有一些其他的力（如振荡力）可以影响薄膜和分散（包括表面活性剂胶束）的稳定性，然而，其复杂程度超出了目前研究的范围，就上游油田化学的应用而言，这些力对表面活性剂的选择和使用方面的影响似乎很小。

当非离子表面活性剂吸附在薄膜或颗粒表面时，形成的聚合物-表面活性剂复合物可在两个表面之间产生空间相互作用。

吸附单层膜或层状双层膜中的表面活性剂分子存在热运动,导致表面张力发生变化。当两个热波界面相互靠近时,后者也会引起空间相互作用(虽然是短程的)。

最后,离子可以存在于许多非离子表面活性剂中,并且有时它们是具有表面活性的,因此这些离子会给乳化剂表面带来一些负电荷。

(八)乳化剂中的表面活性剂和亲水亲油平衡(HLB)值

在液–液界面的表面活性剂(特别是离子表面活性剂)可以降低油/水界面张力(IFT),增加表面弹性和双层静电排斥力,并且可能增加表面黏度,所有这些都会影响乳状液的稳定性。在乳状液体系中加入表面活性剂,可以确定乳状液中各相的分布以及哪种相将会分散或形成连续相。

在油田乳化剂和破乳剂中,试剂的混合物通常比单一组分更有效。可能是由于这种混合物在降低IFT和形成较强的界面膜方面具有更好的效果。

可以用HLB这个经验参数来表征单组分或非离子表面活性剂混合物。表面活性剂的HLB是亲水程度或亲油程度的量度,由分子不同区域的计算值决定。

非离子表面活性剂HLB标度(图1-6)在0~20之间变化。低HLB值(小于9)表示为亲油或油溶性表面活性剂,高HLB值(大于11)为亲水或水溶性表面活性剂。大多数离子表面活性剂的HLB值大于20,因此主要是水溶性的。

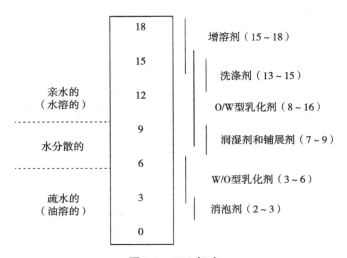

图1-6 HLB标度

一般来说，稳定油包水乳状液的天然乳化剂的HLB值为3~8。因此，具有高HLB值的破乳剂会使这些乳状液失稳。破乳剂的作用是使水滴周围的稳定界面膜组分（极性物质）发生完全或部分位移。这种位移还会导致保护膜的界面黏度或弹性等性能发生变化，从而增强了不稳定性。在某些情况下，破乳剂起润湿剂的作用，可以改变稳定粒子的润湿性，导致乳化液膜破裂。

HLB系统的局限性在于其他因素，如温度等也很重要。表面活性剂HLB值也是表征其作为乳化剂或破乳剂性能的指标，但不能表征其效率。例如，所有具有高HLB值的乳化剂都倾向于生成水包油乳液，但形成乳液的效率可能会有很大差异。

许多非离子表面活性剂的HLB值也随温度发生变化。因此，表面活性剂不仅可以稳定低温下的水包油乳液，而且可以稳定更高温度下的油包水乳液。表面活性剂从稳定的水包油乳化液变为油包水乳液的温度称为相转变温度（PIT）。在温度达到PIT时，非离子表面活性剂的亲水性和亲油性基本上是等同的。

可以看出，情况可能非常复杂，使得在确定适用各种油田应用的表面活性剂和表面活性剂混合物时存在一些问题。尽管如此，理解一些表面活性剂、表面活性剂混合物的基本性质（CMC、克拉夫特点、吸附特征、表面和界面张力），对于一种表面活性剂在特定采油和生产过程中的表现会有一些提示。然而还需要注意的是，在实际应用中动力学现象也在发挥作用。

在评价表面活性剂的"绿色"特性方面问题也比较大，许多表面活性剂是从油脂化学物质中提取的，而油脂化学物质又是从植物和动物脂肪中提取的。它们类似于从石油中提取的石化产品。脂肪酸、脂肪酸甲酯、脂肪醇、脂肪胺和甘油等基本油类化合物的形成是通过各种化学反应和酶反应进行的。这个谱系有力地表明，它们本质上是可生物降解和相对无毒的。一般来说，阴离子表面活性剂和非离子表面活性剂的毒性比阳离子表面活性剂小；但是与其他工业领域不同，阴离子表面活性剂在油田应用中使用得最少。

第二节　聚合物化学

聚合物又称加聚物，由一种单体经聚合（加聚）反应而成的产物。其分子具有重复的结构单位。分子量低的称低聚物，如三聚甲醛等。分子量高的，达几千甚至几百万的称高聚物或高分子化合物，如聚氯乙烯和聚苯乙烯塑料、树脂、聚酯及橡胶等。

一、聚合物的化学反应

聚合物的化学反应包括聚合物分子链上或分子链间官能团相互转化的化学反应过程。聚合物的化学反应根据聚合物的聚合度和基团的变化可分为聚合物的官能团反应、聚合物变大的反应及聚合物的降解反应。研究聚合物化学反应可以对天然高聚物进行改性，合成新的高聚物，有助于获得具有特殊功能的高聚物。

（一）聚合物的官能团反应

聚合物的侧基或端基发生改变而聚合度基本不变的反应称为聚合物的官能团反应，又称为相似转变。通过基团反应，在高聚物分子链上引入某些官能团或元素，制备新的高聚物或改变高聚物的性能与用途。例如，制备磺化聚丙烯酰胺，先进行羟甲基化反应，在聚丙烯酰胺分子链上引入羟甲基，再进行磺化反应，引入磺酸基。

磺化聚丙烯酰胺（代号SPAM）分子链上含有—$CONH_2$、—$CONHCH_2OH$、—CH_2SO_3Na三种基团，在油田、纺织印染等应用很广。

（二）聚合物变大的反应

聚合度变大的化学转变包括交联、接枝等。

聚合物的交联是指大分子在热、光、辐射或交联剂的作用下，分子链间通过化学键连接起来构成三维网状或体形结构的反应。交联可以使相对分子质量大大增加，常常可以提高材料的强度、弹性、硬度、变形稳定性、耐化学物质等性能。例如，橡胶的硫化反应就是利用橡胶分子中的双键与硫化剂作用而产生交联。

聚合物的接枝是指在某种聚合物主链上接上特定的结构，组成不同的支链的反应，所形成的产物叫接枝共聚物。接枝反应也是聚合物改性的重要方法，如在主链上增加有特殊性质的侧链可改善聚合物的表面性质、染色性能、阻燃性能等。例如，氨基聚苯乙烯（PS）与含异氰酸酯侧基的聚甲基丙烯酸甲酯（PMMA）聚合物反应，得到接枝共聚物。

（三）聚合物的降解反应

聚合物的降解反应是指在物理、化学或生物因素作用下，聚合物分子链或官能团与主链连接键发生断裂的反应。降解是聚合物相对分子质量变小的化学反应的总称，包括解聚、无规则断链、侧基和低分子物质脱除等反应。

在光、热、振动、搅拌等物理因素作用下的降解叫物理降解；在空气、酸、碱、氧化剂等因素作用下的降解叫化学降解；在微生物酶作用下的降解称为生物降解。例如，淀粉转化为葡萄糖的反应。

聚合物降解反应会使高聚物相对分子质量大大降低，失去高分子的性质。有时是有目的地利用聚合物的降解，例如，利用聚合物降解反应回收废聚合物单体，利用生物降解进行"三废"处理等。

二、聚合物溶液

高分子一般配成溶液使用，主要是配成水溶液。水溶性高分子在采油中得到广泛应用，是因为这些高分子具有增黏、降阻、悬浮、控制流度等作用。

聚合物溶液是由高分子物质溶解于低分子溶剂中形成的二元或三元分散体系。历史上人们曾经将高分子溶液当成胶体溶液。经过反复研究，终于认识到高分子溶液是以单个溶质分子分散于溶剂中的一种真溶液。只是由于高分子物质的分子体积和胶体粒子接近，使得高分子溶液和胶体溶液的某些性能有相似之处。

聚合物低浓度溶液的性质与高浓度溶液截然不同。一般认为，聚合物质量分数低于5%的溶液为稀溶液，5%以上者为浓溶液。以此为标准，在油田钻井、完井、压裂以及采油中使用的聚合物溶液大多归属于稀溶液范围。

（一）聚合物的溶解过程

把低分子固态溶质投入溶剂中时，溶质表面的分子或离子由于本身的热运动和溶剂的溶剂化作用，克服了溶质内部分子或离子的吸引力而逐渐离开固态溶质表面，并通过扩散作用分散到溶剂中，成为均匀的溶液。因而，低分子物质的溶解过程较为简单。但对高分子物质来说，由于在其内部聚集的分子体积比低相对分子质量物质大得多，分子之间的作用力也不止一种，因而其溶解过程要复杂得多。

1.溶解和溶胀

与低分子物质相比，高分子物质的溶解过程最显著的特点是其溶解速度很慢，包括溶胀和溶解两个阶段。这是因为当高分子物质与溶剂接触时，它与溶剂接触的外表面上的分子链段最先被溶剂化。但因整个分子链很长，还有一部分聚集在内部的链段未被溶剂化而不能溶出。在这一过程中，溶剂分子在高分子聚集体的外表面起溶剂化作用，同时由于高分子链段的热运动而向聚集体内部扩散，使内部的链段逐步被溶剂化。这种使高分子聚集体内部分子链段溶剂化而导致高分子物质体积膨胀的现象称为"溶胀"。随着溶剂分子不断向溶质内部扩散，必然使更多的高分子链段变得松动。外表面的高分子链段全部被溶剂化而离开溶质表面后，里面又出现了新的外表面，溶剂又开始对新的外表面产生溶剂化作用，直到所有高分子物质全部进入溶液，溶解过程才算结束。所以，溶胀是溶解的第一步骤，是高分子物质溶解过程中特有的现象。

2.溶剂选择原则

实践证明，聚合物的溶解性能取决于其本身的分子结构和所选溶剂的类型。虽然目前还没有成熟的高分子物质溶解理论，但适用于低分子物质的某些溶解理论也适用于高分子物质。

极性相似原则：极性分子结构的高分子物质溶解于极性溶剂中，非极性分子结构的高分子物质溶解于非极性溶剂中，强极性分子结构的高分子物质溶解于强极性溶剂中，这就是极性相似原则。例如，分子链上带有极性基团的聚丙烯酰胺（PAM）、聚丙烯酸（PAA）以及黄原胶（XC）均可溶解于极性的水而不溶解于非极性的酯。非极性的天然橡胶可溶解于非极性的烃而不溶解于极性的水。

溶解度参数相近原则：任何物质内部分子之间都存在作用能，物质分子正是通过这种作用能而保持一定的聚集状态。溶质是这样，溶剂也是这样，这种能被称为内聚能。显然，要使溶质分子分散于溶剂中，就必须使溶质与溶剂之间的作用能大到足以克服溶质或溶剂内部分子之间的内聚能。物质的溶解度参数就是物质内部分子间作用能的一种量度。表1-1列出了几种聚合物的溶解度参数，表1-2列出了几种溶剂的溶解度参数。

表1-1 几种聚合物的溶解度参数

聚合物	$\delta/\left(J/m^3\right)^{1/2}$	聚合物	$\delta/\left(J/m^3\right)^{1/2}$
聚丙烯酰胺	23.1	聚氯乙烯	19.2~22.1
聚丙烯腈	25.6~31.5	聚丙烯	16.8~18.8

聚合物	$\delta/\left(J/m^3\right)^{1/2}$	聚合物	$\delta/\left(J/m^3\right)^{1/2}$
聚丙烯酸	29.1	聚苯乙烯	17.4~19.0
甲叉基聚丙烯酰胺	30.8	丁苯橡胶	16.6~17.8
羟甲基聚丙烯酰胺	34.9	氯丁橡胶	16.8~18.9
二醋酸纤维素	23.310	环氧树脂	19.8
聚乙烯醇	25.8~29.1	聚乙烯	15.8~17.1

表1-2　几种溶剂的溶解度参数

溶剂	$\delta/\left(J/m^3\right)^{1/2}$	溶剂	$\delta/\left(J/m^3\right)^{1/2}$
苯	18.7	水	47.4
甲苯	18.2	乙二醇	32.1
邻二甲苯	18.4	甲醇	29.6
间二甲苯	18	乙醇	26
对二甲苯	17.9	乙酸	25.7
氯仿	19	丙酮	29.4
四氯化碳	17.6	氯乙醇	27.6

　　根据溶解度参数相近原则，当聚合物溶质的溶解度参数和溶剂的溶解度参数相等时，高分子链在溶剂中能够充分伸展、扩散，溶液的黏度最大，该溶剂就是该聚合物的良溶剂。

　　溶剂化原则：当溶质与溶剂接触时，溶剂分子对溶质分子产生作用力，当此作用力大于溶质内部分子的内聚力时，溶质分子便彼此分离而溶解于溶剂中。极性溶剂分子和聚合物溶质的极性基团相互吸引能够产生溶剂化作用，主要是聚合物溶质分子链上的酸性基团或碱性基团能够与溶剂中的碱性基团或酸性基团起作用的结果。这里所指的酸和碱是广义的，酸是指电子接受体（亲电子体），碱是指电子给予体（亲核体）。

　　上述溶剂选择三原则是通过溶解实验从不同角度总结出来的经验规律，它们是相互联系的，但是也有不少例外。因此，在使用时应将三原则综合应用并结合必要的溶解实验，才能选出最佳溶剂。

（二）聚合物溶液的黏度

1.流体黏度的定义

　　各种流体（液体、气体）都具有不同程度的黏性，当其相邻两流层以不同速度运动时，层间就有摩擦力产生，运动快的流层对运动慢的流层有加速作用，运动慢的流层对运动快的流层有阻滞作用，流体的这种性质称为黏性。流体的黏度是由于流体分子之间受到运动的影响而产生内摩擦阻力的表现。根据牛顿流动定律，液体的黏度可定义为剪切应力与剪切速率的比值，其单位为（N/m^2）·s（泊）或 Pa·s（帕·秒）。

2.流体黏度的测量

有许多测定流体黏度的方法，实验室测定流体黏度的方法有毛细管黏度计法和旋转黏度计法。旋转黏度计是测定聚合物溶液黏度的必备仪器。

（三）聚合物溶液的流变学特性

众所周知，当固体受到作用力（应力）后会产生弹性形变（应变）。如果一种固体所受应力与所产生应变的关系符合虎克定律，这样的固体称为弹性体。而流体受到作用力后会产生剪切形变，变形程度随流体黏度的大小而不同，因此流体又称黏性体。流体黏性不同，施加于流体上的剪切应力与剪切变形率（剪切速率）之间的定量关系也不同。流变学就是研究流体流动过程中剪切应力与剪切速率变化关系的科学。流体表现出的这种剪切应力与剪切速率的变化关系称为流体的流变学特征。流变学是聚合物驱油理论的核心内容。

如果流体的剪切应力与剪切速率的比值始终为一常数，即剪切应力与剪切速率成正比关系，或者说黏度不随剪切速率而改变，这种流体称为牛顿流体。大多数低分子液体如纯水、油、无机溶剂等都属于牛顿流体。牛顿流体的流变特征曲线是一条通过坐标原点的直线。

而对于另外一些液体，当改变剪切速率时，其剪切应力与剪切速率之间的关系与牛顿流动定律有很大偏离，也就是说，它们的黏度是随剪切速率而改变的，这种流体称为非牛顿流体。为了与牛顿流体黏度相区别，将这种随剪切速率而改变的黏度称为表观黏度。石油工业中所涉及的钻井液、完井液、压裂液以及聚合物驱油剂都属于非牛顿流体。非牛顿流体又可以分为以下三类：

（1）剪切应力与剪切速率之间的关系同剪切时间无关的流体。属于这类流体的有宾汉塑性流体、假塑性流体和胀塑性流体。

（2）剪切应力与剪切速率之间的关系同剪切时间有关的流体。属于这类流体的有触变性流体和震凝性流体。

（3）黏弹性流体。黏弹性流体是指那些既具有黏性体流变特征，而在某种条件下又具有弹性体流变特征的流体。这种流体具有从流动引起的形变中恢复原有弹性特征的能力，如果形变很剧烈，这种弹性的恢复也可能只是局部的。这种流体中的高分子聚合物对紊流有抑制作用，具有明显的减阻效应，常被应用于管道输送的减阻方面。

由于非牛顿流体黏度值强烈地依赖于剪切速率，因而当说到非牛顿流体的黏度时，必须同时指明是在何种剪切速率下的黏度，否则黏度就没有意义。也正是由于这种剪切依赖性，在测定非牛顿流体的表观黏度时，必须使用可以根据需要随意设定剪切速率的旋转黏度计。

典型聚合物HPAM（部分水解聚丙烯酰胺）溶液在孔隙介质中的流变曲线可分为5个区，即零剪切区（第一牛顿区）、假塑性区、极限剪切区（第二牛顿区）、胀流区和降解区。

第三节　油田水化学

油田水是指油、气田区域与油气藏有密切联系的地下水，往往与石油和天然气组成统一的流体系统。油田水的赋存状态、化学组成及物理性质，对石油与天然气的勘探和开发都有很大影响。

一、油田水的状态

油田水按其在岩石孔隙中的蕴藏状态可以分为四种类型。

（1）重力水。蕴藏在储集岩的大孔隙或孔洞中，在重力作用下可以自由移动和传递静水压力的水。

（2）毛细管水。蕴藏在岩石的毛细管孔隙中的地下水。当孔隙完全被水充满时，这种水也能传递静水压力。当孔隙被水局部充满时，即存在毛细管力时，在重力作用下水不能自由移动。

（3）矿物表面结合水。束缚在矿物颗粒表面，又可分为吸着水和薄膜水两层。吸着水以单独的水分子状态包围在矿物的颗粒表面。薄膜水是在吸着水外围以薄膜形式存在的弱结合水，厚度可达数百个水分子直径。矿物表面结合水既不能传导静水压力，也不受重力作用的影响。

（4）固态水。岩石中温度在0℃以下的重力水，即以冰的形态出现的重力水，主要分布在低温的极地和季节性或永久性的冻土地区。

油田水按其与油气藏分布位置的相互关系可分为两种类型。

（1）边水。同一储层中，外含油边缘以外的水叫作边水。

（2）底水。同一储层中，外含油边缘之内，油水接触面之下的水叫作底水。

二、油田水的组成与性质

（一）油田水的化学组成

由于油田水与岩石、石油及天然气长期相互作用，所以油田水的化学成分非常复杂，除离子成分外，尚有气体成分、有机组分及微量元素。

1.离子成分

在天然水中目前已测定出60多种元素，其中最常见的有30多种，但含量较多的是下面几种离子。

阳离子：Na^+、K^+、Ca^{2+}、Mg^{2+}；阴离子：Cl^-、SO_4^{2-}、CO_3^{2-}、HCO_3^-。

通常，可根据以上几种离子的含量，用六轴图解法表示水的离子化学成分。六轴图解法（图1-7）常用毫克当量百分数表示水中各种离子的含量。

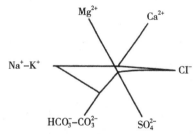

图1-7　表示水离子成分的六轴图解法

此外，还用总矿化度表示油田水中各种离子和化合物（不包括气体）的总含量，单位为mg/L或g/L，数值越高说明水中溶解的盐分越多。

2.气体成分

油田水中含有被溶解的烃类气体，除甲烷外，尚有乙烷等重烃气体，还含有氧、氮、硫化氢、氨、氩等气体。含重烃气体是油田水的主要特征，可作为寻找油气田的标志。

3.有机组分

油田水中常含有环烷酸、酚和苯。其中，环烷酸的含量较高，是石油中环烷烃的衍生物，且与原油中环烷烃的含量呈正相关关系，常作为寻找油田的重要化学标志。

4.微量元素

油田水中含有的微量元素主要有碘、溴、硼、铵、锶、钡等。微量元素的种类及其含量可以指示油田水的来源和油田水所处环境的封闭程度。

（二）油田水的物理性质

1.颜色

油田水通常是有颜色的，颜色视其化学组成而定。例如含铁离子常呈淡红色，含H_2S呈淡青色，一般透明度较差，常呈浑浊状。

2.相对密度

油田水中溶有数量不等的盐类，矿化度一般较高，相对密度多大于1。例如，酒泉盆地油田水的相对密度为1.01~1.05，四川盆地三叠系气田水的相对密度为1.001~1.010。

3.黏度

油田水的黏度一般比纯水高，且随矿化度的增加而增加。温度对黏度的影响较大，随温度升高，黏度快速降低。

4.导电性

油田水中常含有各种离子，所以能够导电。油田水的导电性随含盐量的增加而增加，而电阻则随之减小。

5.矿化度

油田水的总矿化度，即油田水中各种可溶性盐类的总含量，单位为mg/L、g/L。与油气有关的水一般都具有高矿化度，这是由于油田水埋藏在地下深处，长期处于停滞状态，缺乏循环交替。多数海相油田水总含盐量在5×10^4~6×10^4mg/L，最大可达6×10^5mg/L；而陆相油田水的矿化度低得多，一般为5×10^3~3×10^4mg/L，高者达8×10^4mg/L，均为碳酸氢钠型水。但无论海相或陆相都存在相对较低的矿化度，甚至有相反的情况出现。例如我国川南地区，下部产气层阳新灰岩中水的矿化度为2×10^4~3×10^4mg/L，而其上嘉陵江灰岩水的矿化度则达6×10^4~7×10^4mg/L，这种反常现象一般认为与不整合存在有关。

有关研究表明，通常情况下海相沉积的油田水矿化度比陆相高；碳酸盐岩储层油田水矿化度比碎屑岩储层高；保存条件好的储层水矿化度比开启程度高的储层高；埋藏深的比埋藏浅的地层水矿化度高。但是，由于地质条件变化很大，有些地区由于外来水的渗入或水动力梯度增大，与油气有关的地下水矿化度也很低。因此，仅根据水矿化度难以确定石油的存在，应作综合分析。

第二章　钻井化学技术

钻井化学主要研究用化学方法解决钻井和固井过程中遇到的问题。由于钻井和固井过程中遇到的问题主要来自钻井液和水泥浆，因此，钻井化学可分为钻井液化学和水泥浆化学。本章主要对钻井液及工艺技术、水泥浆及工艺技术进行详细叙述。

第一节　钻井液化学技术

一、常见钻井液体系

钻井液体系是指一般地层和特殊地层（如岩盐层、石膏层、页岩层、高温层、煤层、地热等）钻井用的各类钻井液。钻井液体系通常按分散介质（连续相）分为水基钻井液、油基/合成基钻井液和气体钻井流体三大类。

水基钻井液：淡水或盐水为连续相，固相颗粒和添加剂分散和溶解在淡水和盐水中，以及油被乳化分散在水中。

油基/合成基钻井液：柴油、矿物油和非石油烃为连续相，固相颗粒悬浮在油相中，盐水或其他低活度液体被乳化在油相中。

气体钻井流体：以气态形式注入钻井系统，钻屑被高速气流携带，气体可以是空气、氮气、二氧化碳或其他气体流体。当有水侵入这类流体时，形成气-液混合系统即雾化或泡沫流体。多年来，为适应不同的地下条件，开发了许多钻井液配方。

选择满足钻遇条件的最佳钻井液可以降低钻井成本和灾难性风险（包括井壁垮塌、卡钻、漏失和气侵等），必须从足够的地层评价信息和产能最大化等方面考虑。

美国石油学会（API）及国际钻井承包商协会（IADC）认可的钻井液

体系如下。

（1）不分散钻井液体系。该类钻井液用膨润土（钠土或钙土）及清水配成，或利用清水在易造浆地层钻井而自然形成，故又称为天然钻井液。它基本不加药剂或用极少量药剂处理。通常用于表层或浅层钻井。

（2）分散性钻井液体系。该类钻井液是指以水、膨润土以及各类分散剂（如木质素磺酸盐）为主剂配制而成的水基钻井液。其中的药剂属于解絮凝剂及降滤失剂。多用于深井或较复杂的地层钻井。

（3）钙处理钻井液体系。该类钻井液是一种含有游离钙离子而且具有抑制性的水基钻井液。其主要组分是石灰、石膏和氯化钙。它具有一定的抑制黏土膨胀的特性，能用来控制页岩坍塌、井径扩大和避免地层损害。

（4）聚合物钻井液体系。该类钻井液是一种经过具有絮凝和包被作用的长链高聚物处理以增加黏度、降低滤失量及稳定地层的水基钻井液。高聚物包括膨润土增黏剂、生物聚合物和交联聚合物，它们具有较高的分子量和酸溶性。该类钻井液在聚合物浓度较低时具有较高的黏度及良好的剪切稀释特性，可用来絮凝劣质土、增加黏度、降低滤失量及稳定地层。

（5）低固相钻井液体系。该类钻井液是一种低密度、固相总含量为6%～10%（体积含量）的水基钻井液。其中膨润土含量应控制在3%（体积含量）或更低的范围内。其主要优点是可以明显提高机械钻速。

（6）饱和盐水钻井液体系。氯化钠达到饱和（氯离子质量浓度为189g/L）的钻井液为饱和盐水钻井液，氯离子含量为6～189g/L的钻井液为盐水钻井液，氯离子质量浓度低于6g/L的钻井液通常称为含盐或海水钻井液。

（7）修井完井液体系。它是一种为减少对油气层损害而设计的特种体系。它具有抑制黏土膨胀及微粒运移的作用，可减轻对产层渗透性的损害，主要用于钻进油气层、酸化压裂及修井等作业。

（8）油基钻井液体系。它包括油包水乳化钻井液和油基钻井液。

（9）空气、雾、泡沫和气体体系。

（一）水基钻井液

水基钻井液是以水作分散介质的钻井液，由水、膨润土和处理剂配成。

1.淡水钻井液

淡水钻井液包括从无添加剂的清水到含有膨润土、重晶石和各种有机添加剂的高密度钻井泥浆。钻井液的组成由所钻地层的类型决定。当需要增加钻井液黏度时，加入黏土或水溶性聚合物。由于许多钻井液添加剂在低离子强度体系中最有效，淡水是配制稳定钻井液成分的理想选择。特别是在高温下，无机和/或有机添加剂能控制黏土的流变性。亲水膨胀和水溶性聚合物和/或黏土可用于滤失控制。钻井液通常是碱性的，事实上，像蒙脱土这样的黏度控制剂在pH大于9时更有效。氢氧化钠和碳酸钠是目前应用最广泛的碱度控制剂。在淡水泥浆中加入不水溶的加重材料，使其达到控制地层压力所需的密度。

2.低固相不分散聚合物钻井液

用于提高黏度和滤失控制的淡水、黏土和聚合物组成了低固相和所谓的非分散聚合物钻井液。

低固相钻井液用最小量的黏土维护并且需要清除劣质固相。低固相钻井液通常在未加重的状态下使用，其密度可增加到高密度。这类钻井液的主要优点是膨润土含量较低，可以达到较高的机械钻速。高分子量和低分子量的天然或合成聚合物被用来提供所需的流变性和滤失性，特别是黄原胶已被证明是一种有效的固体悬浮剂。劣质固相通常被包被絮凝以便于在地面清除，从而降低了稀释比例。特殊研制的抗高温聚合物可用于克服高温高压条件下的钻井液胶凝稠化。通过恰当的处理，低固相钻井液可以在176℃（350F）或更高温度下使用。低固相钻井液通常应用于硬地层，在硬地层中，增加钻速可以显著降低钻井成本，且固相堆积趋势最小。

3.盐水钻井液

在陆地和海洋的许多钻井区域，经常钻遇盐层或盐穹窿。饱和盐泥浆可用来减少由于地层盐溶解与不饱和液体接触而引起的孔洞扩大。盐层主要由氯化钠组成，也可能由混合盐组成，主要是氯化镁和氯化钾。在此类地层钻井中使用高盐钻井液（氯化钠含量为20%~23%）已经变得相当普遍。其原因有两方面：稳定水敏页岩和抑制天然气水合物的形成。

高盐度的盐水钻井液可能需要不同于淡水或海水钻井液的黏土和有机添加剂。抗盐的黏土和有机聚合物有助于提高黏度。滤失性能的调整使用淀粉或纤维素类聚合物。使用氢氧化钠或石灰调整pH，使偏酸性的浓盐水pH为9~11。

4.钾盐钻井液

通常钾盐钻井液含有一种或多种聚合物和钾离子，主要是氯化钾，以用于与钻遇水敏感页岩相关的井下复杂情况。其流动和滤失性能可能与其他水基钻井液有很大不同。钾盐钻井液已得到非常广泛的应用。但美国的环境法规限制了在近海钻井中使用钾质泥浆，因为在排放许可证要求的生物测定试验中钾含量过高具有明显的毒性。

5.高性能水基钻井液

高性能水基钻井液是为了解决井壁稳定性、固相抑制、井筒强化、钻井速率提高、HTHP稳定性和储层保护等钻井问题而研制的。大多数高性能流体是由盐水和新型聚合物配制而成的，用于流变性和滤失控制。根据钻井液的最终使用目的，可以添加表面活性剂、井筒强化材料、成膜剂等。一些高性能水基钻井液，跟油基钻井液一样，也能降低地层孔隙压力的传递。高性能水基钻井液可以用于环境脆弱、废弃物处理成本高、油基和合成基钻井液使用受到限制的地区。

（二）油基/合成基钻井液

1.油基钻井液

油基钻井液（OBFs）是在20世纪60年代开发并引入的，主要用于易膨胀或坍塌的水敏性泥页岩地层、高温深井、摩阻大和易卡钻的钻井作业中。

现在用于配制油基钻井液的基础油包括柴油、矿物油和低度的线性烷烃（由原油提炼而成）。乳化剂用来使水相乳化到油相中，形成油包水乳状液。内相盐水等水相的电稳定性通常用来监测，以确保油包水乳状液的稳定性强度达到或接近预定值。如果遇到地层水的侵入和污染，油包水乳状液应足够稳定，以乳化额外的水量。

重晶石用于增加钻井液的密度，经过特殊处理的有机土是油基钻井液的主要增黏剂。乳化水相液滴也有助于提高钻井液黏度。添加亲油的氧化沥青或褐煤，帮助控制低压/低温（LP/LT）和高温高压（HP/HT）滤失量。亲油润湿性对于确保颗粒材料保持悬浮状态是必不可少的，用于油润湿的表面活性剂也可以作为稀释剂。油基钻井液通常含有石灰以保持较高的pH，抵抗硫化氢（H_2S）和二氧化碳（CO_2）气体的不利影响，并提高乳化液的稳定性。

泥页岩抑制性是油基钻井液突出的优点。高浓度盐水有助于防止泥页岩水化、膨胀或坍塌。大部分常规油基钻井液都是用氯化钙盐水配制的。

油基钻井液中油相体积与水相体积的比例被称为油水比。油基钻井液的油水比一般在65/35~95/5，但最常见的范围是80/20~90/10。

2.合成基钻井液

合成基钻井液的开发是为了减少钻井作业对海洋环境的影响，并且不降低油基钻井液的成本效益。与常规油基钻井液一样，合成基钻井液有助于最大程度地提高机械钻速、提高定向井和水平井的润滑性，并最大程度地减少由活性页岩造的井眼稳定性问题。自20世纪90年代初收集的现场数据证实，合成基钻井液具有优异的钻井性能，可与柴油和矿物油基钻井液相媲美。

在许多地区尤其是海上作业区，禁止油基钻井液及其岩屑排放的规定不适用于合成基钻井液。合成基钻井液的成本更高，但事实证明，在许多海上应用中，其经济性与常规油基钻井液的经济性是相同的，原因是：机械钻速快，与钻井液相关的非生产时间少。由线性α-烯烃（LAO）和异构化烯烃（IO）配制的合成基钻井液具有较低的运动黏度，这与深水区域作业时较低的温度相适应。酯类钻井液表现出高运动黏度，在深水立管遇到的低温中此效果被放大。然而，2000年研制了较短链长（C_8）酯基基础油的黏度与其他基液（特别是大量使用的IO系统）相似或更低，由于其高生物降解性和低毒性，酯被公认为环境性能最佳的基液。

随着作业者在深水领域开展钻井作业，由于孔隙压力/破裂压力梯度越来越窄并且英里级长度的立管不常见，标准化的合成基钻井液配方提供了所需的性能。然而，由于深水钻井和不断变化的环境法规引起的问题，促使人们对一些重要的处理剂进行更为细致的研究。

低温条件下，常规合成基钻井液中有机土、亲油氧化沥青和褐煤类产品造成了不被期望的高黏度。此类产品低加量甚至零添加的合成基钻井液被研发出来，这类钻井液具有高且平缓的凝胶强度，并且用较低的启动压力便可打破，可以显著降低当量循环密度，在钻井、下套管和固井作业中可降低钻井液损失。

3.全油基钻井液

通常情况下，油包水钻井液中的高矿化度水相有助于稳定反应性泥页岩并防止膨胀；然而，无水的柴油或合成基钻井液被用于钻穿地层水矿化度变化大的长段泥页岩地层。由于没有水相，全油基钻井液可以保持整个井段的泥页岩稳定。

（三）气体钻井流体

气体钻井也被称为空气钻井，一个或多个压缩机被用来清理井筒的岩屑。气体钻井流体可分为三种类型：纯空气或气体、泡沫流体、充气流体。

1.纯空气或气体钻井流体

纯空气或气体流体使用的是干气，可以是空气、天然气、氮气、二氧化碳等。干气钻井最适合于含水量最少的地层。一旦在钻井过程中遇到水，干气系统就会通过添加表面活性剂来转换，这被称为"雾化"系统。在地层中增加的水量需要额外量的发泡表面活性剂和聚合物泡沫稳定剂。气动钻井作业需要专门的设备来帮助确保岩屑和返回地面的地层流体的安全，以及用于钻井或给钻井液或泡沫充气的气体的储罐、压缩机、管道和阀门。

气体型钻井循环介质不仅密度低，而且由于气体具有很大的可压缩性，所以这种循环介质的体积随着外界压力变化而明显变化，这是区别于常规不可压缩钻井液的又一基本特征。众所周知，钻井井内不同深度、不同位置处的压力各不相同，各处压力的大小不仅取决于所处深度的静态液柱压力，而且当循环流动或提下钻具时还有较大的动压力产生，正是由于可压缩循环介质的体积随压力的变化而变化，因此这类钻井液在井内的密度、黏度、流速、流量等参数的变化情况比普通泥浆、化学溶液、清水等不可压缩钻井液要复杂得多。

除了钻穿需要高密度流体以防止井控问题的高压含烃或含流体地层外，使用气体流体具有以下优点：极低或没有地层损害、快速评估岩屑中是否存在碳氢化合物、防止井漏，以及在硬质岩石地层中有明显更高的机械钻速。

2.泡沫流体

泡沫钻井的工艺规程应根据钻井的要求和地层条件，确定泡沫的配方、压风机的压风量、泡沫液的输入量、钻进压力和转速等参数，并对泡沫的消耗、回次进尺速度、排渣、护壁、护心等情况进行分析。下面以三方面的实例予以说明。

（1）用于金刚石钻井。金刚石钻进用于坚硬岩层，由于孔壁稳定而不需采取泥浆平衡护壁，可以用泡沫循环洗孔。更为重要的是，用泡沫钻井井底压力小，有利于钻头破碎坚硬岩石，钻进效率高。

（2）用于破碎地层钻井。这种地层多见于地下水的勘探和开发中，因为泡沫的重量轻，且具有一定的暂堵性，因而对恢复含水层的渗透率、提高井的产水量十分有利。

（3）用于油气勘探。泡沫在油气勘探钻井中一般是针对低压油气层而使用的。

3.充气流体

充气钻井液中黏土颗粒在水中的分散稳定性与一般泥浆相同。气泡的产生和稳定是靠加入表面活性剂和高聚物（起泡剂和稳泡剂）而达到的，充气钻井液防漏堵漏机理包括泡沫群体结构对渗漏通道的吸附封堵作用、泡沫群体结构的疏水屏蔽特性和三相分散体系的低密度、低液柱压力以实现近平衡钻进或负压钻进。

泥浆中的黏土颗粒也起到稳泡的作用。试验表明，含少量的微细固体可促使泡沫稳定性进一步提高，其含量在0.3%~0.5%时最佳。分析其原因，微细固体可起到支撑骨架的作用，特别是造浆黏土还可能有絮状网架结构，从而加强了泡沫的稳定性。

起泡剂可用阴离子型或非离子型的表面活性剂，阴离子表面活性剂常用的有十二烷基硫酸钠、十二烷基苯磺酸钠、木质素磺酸钠等。非离子型的常用聚氧乙烯辛基苯酚醚（OP型）等。稳泡剂的加入是为了增加泡沫的稳定性，提高泡沫的寿命。稳泡剂与起泡剂一起组成混合膜，提高了膜的强度和密实性，降低了界面膜的透气性。常用的稳泡剂有月桂醇、月桂酰二乙醇胺、聚丙烯酰胺、羧甲基纤维素等。泥浆处理剂也有稳泡作用。

影响充气钻井液稳定的因素，除了影响黏土悬浮液的因素外，主要有：

（1）表面膜（混合膜）的黏度。研究发现，随着表面黏度的增加、泡沫的寿命增加，即泡沫的稳定性增加。

（2）稳泡剂的种类和浓度。稳泡剂憎水端的结构与起泡剂相近时，可更好地提高泡沫的寿命，这是因为在阴离子型表面活性剂两分子间插入非离子型稳泡剂，在两阴离子之间有了屏蔽，减弱了阴离子间的相互斥力，有利于增加膜强度。而稳泡剂与起泡剂憎水端分子结构相近，分子间的引力大，表面膜的强度增加。

（3）气泡表面膜的透气性。表面膜的透气性是造成两气泡合并、降低泡沫寿命的重要因素。起泡剂和稳泡剂是直链型且其憎水端有相似结构时，形成的混合膜透气性小，泡沫寿命长。

（4）泡沫液的液相黏度。液相黏度越大，泡沫压缩变形时，两泡沫间的液体越不易排出，气泡便不易合并，因而泡沫的寿命较长。

（5）气泡的形状、大小和均匀度。气泡呈球形，液膜较厚（4.2~4.5nm）且分布均匀，气泡直径差不超过两倍时、泡沫的寿命较长。而气泡呈蜂房状，液膜较薄，且分布不均匀，气泡直径差达100倍以上时，泡沫寿命较短。气泡的形状、大小和均匀度取决于起泡剂和稳泡剂的类型和浓度、搅拌的强烈程度等。

二、水基废弃钻井液无害化处理

废弃钻井液是一种含黏土、加重材料、各种化学处理剂、污水、污油及钻屑的多相胶体-悬浮体体系，如果不加处理，任意排放，或者管理、处理不当，均会对周边人、畜和自然环境造成不可估量的危害。

（一）钻井液高炉矿渣体系的固化机理

向水基废弃钻井液中加入具有水淬活性的高炉水淬矿渣（BFS）作为胶结材料，加入碱性物质作为激活剂，在激活剂（碱金属、碱土金属的氧化物）的作用下，矿渣玻璃体表面的 Ca^{2+}、Mg^{2+} 与 OH^- 作用生成 $Ca(OH)_2$ 和 $Mg(OH)_2$，从而使矿渣玻璃体表面不断被破坏，促使矿渣进一步水化。在玻璃体内部的网络结构中，Ca—O键和Mg—O键的强度小于Si—O键，因此，当玻璃体表面受 OH^- 作用被破坏后，内部网络结构中的 Ca^{2+}、Mg^{2+} 便与 OH^- 发生反应，生成 $Ca(OH)_2$ 和 $Mg(OH)_2$，而激活剂中的 Na^+、K^+ 或其他离子便与 Ca^{2+}、Mg^{2+} 进行替换，连接在Si—O键或Al—O键上，导致矿渣玻璃体的网络结构不断破坏、分解和溶解，发生的反应使富钙相溶解[1]，具体的反应式如下：

$$\equiv Si—O—Ca—O—Si \equiv +2NaOH \longrightarrow 2(\equiv Si—O—Na)+Ca(OH)_2$$
$$\equiv Si—O—Si \equiv +2（H—OH）\longrightarrow 2（\equiv Si—OH）$$
$$\equiv Si—OH+NaOH \longrightarrow \equiv Si—O—Na+H—OH$$

当富钙相溶解后，矿渣玻璃体解体，富硅相暴露于碱性介质中，它与 NaOH 继续发生如下反应：

$$\equiv Si—O—Si \equiv +2(H—OH) \longrightarrow 2(\equiv Si—OH)$$
$$\equiv Si—OH+NaOH \longrightarrow \equiv Si—O—Na+H—OH$$

综上所述，矿渣在碱性体系中，初期的水化以富钙相的迅速水化和解体为主，并导致矿渣玻璃体迅速解体，其水化产物不断填充于原充水空间中，而脱离原网络结构的富硅相则填充于富钙相水化产物的间隙中。随着富硅相水化反应的进行，水化产物不断填充于原富钙相水化产物的间隙中，使其水化产物结构不断变致密，固化体的强度不断增加。

与此同时，废弃钻井液中的各种离子，如 Na^+、K^+、Cr^{6+}、Pb^{2+}、Zn^{2+}、Cu^{2+}、As^{3+}、As^{5+} 等金属离子有的直接参与矿渣的水化反应如 Na^+、K^+，有的便被引入矿渣水化产物称定的晶格中，随其水化产物的固化而逐渐胶结在固化体中。同时，废弃钻井液中的钻屑或其他固相成分在矿渣水化产物的胶结作用下，与水化产物固结在一起，钻井液中的水相作为矿渣在钻井液中的分散介质，促使矿渣在废弃钻井液迅速分散，在碱性水溶液中发生水化作用。

---

[1] 袁志军.废弃钻井液无害化处理技术研究［D］.大庆：大庆石油学院，2009.

（二）钻井液GH-2A高效还原粉固化处理技术

1.GH-2A高效还原粉固化机理

GH-2A高效还原粉的主要成分是粉煤灰，其中还加入了磷石膏、生石灰和少量促进固化的聚合物。这里讨论一下粉煤灰体系的固化机理。其固化原理是利用石膏（二水硫酸钙）与粉煤灰混合物形成的复合胶凝材料在激发剂的作用下发生水化硬化反应时将废泥浆中的水分吸收，而不溶物质则被胶凝形成具有一定强度的固结。粉煤灰是主要固化剂之一，含有大量具有火山灰活性的物质：莫来石、石英、赤铁矿、磁矿石、碳粉和玻璃体等矿物。由此可以看出粉煤灰具有一定的惰性，但是其潜在的水化物质决定了在一定条件下它可以水化，参与胶结，具有同类水泥的性质。它的活性主要取决于 Al_2O_3 及 SiO_2 的含量，能提高浆体的和易性，缓解钻井液中膨润土颗粒对水泥颗粒絮凝成团的破坏作用。此外，粉煤灰越细，其活性发挥越好，从而它与水泥水化产物 $Ca(OH)_2$ 起二次反应生成O—Si凝胶，不仅使混相中游离 $Ca(OH)_2$ 相对减少，而且使固化物越加密实，从而增大固化物后期强度。添加粉煤灰等材料还可以改善黏土类泥浆过大的塑性，而使固结拌和料便于压实和提高密实度。磷酸工业排放的废渣磷石膏中的二水硫酸钙无自硬性，但对粉煤灰水化起着激发作用，同时粉煤灰消耗生石灰及水泥熟料硅酸三钙等水化形成的 $Ca(OH)_2$，同时提供反应物的沉淀场所，添加剂及粉煤灰起碱性激活作用；粉煤灰又促进了CaO、SiO_2 的水化，促进钙矾石的形成。钻井废泥浆中所含硅质和铝质也将参与水化反应，而泥浆中的大量水分则在此过程中被吸收。废泥浆固结体是以钙矾石晶体为结构骨架，未水化的粉煤灰颗粒以及废泥浆中不溶性物质作为微集料填充于空隙中，使固结物结构内毛细孔隙"细化"，而水化硅酸钙凝胶及水化铝酸钙作为"黏结剂"，这是由于适量的二水硫酸钙在激发剂作用下可与粉煤灰发生完全的水化硬化反应，生成最多数量的钙矾石骨架物质，形成高抗压强度的固结物，从而有效固结废泥浆中的有害物质，故浸出液值较低；但当加入的二水硫酸钙过量时，未能参与反应的二水硫酸钙晶体存留在固结物中起微集料填充作用，当固结物浸出时部分二水硫酸钙溶解，固结物的致密性和抗压强度均下降，有害物质渗出使得浸出液值增高。有资料表明，粉煤灰在水化体系中2天后含量开始减少，28天后粉煤灰水化了40%，这个过程约有5个月的潜伏期。这也说明了其后期强度持续增加的原因。研究表明：粉煤灰胶结料主要水化产物的形成一定要在适宜的碱度范围内，一方面能够解离粉煤灰的玻璃体结构，使玻璃体中的

Ca^{2+}、Al^{5+}、AlO_4^{6-} 和 SiO_4^{4-} 等进入溶液，生成新的水化硅酸盐、水化铝酸钙；另一方面可使粉煤灰的活性在较长时间内获得充分激发，在低水化热条件下得到较高的后期强度。

2.粉煤灰固化体系的重要影响因素

（1）磷石膏含水率对固化的影响。工业废渣磷石膏通常堆放在露天环境中，含水率变化较大，随磷石膏含水率的增加，固结物浸出液COD值仅有小幅增加，从而可知磷石膏中的二水硫酸钙未因长期堆放和含水率的变化而影响它参与水化反应的化学性质，因此磷石膏含水率变化对钻井废泥浆固化效果影响较小。但磷石膏含水率高时多呈块状，分散性较差，从而对废泥浆的最终固化效果产生影响。

（2）生石灰用量对固化的影响。生石灰对激发粉煤灰水化硬化反应起关键作用，其用量将直接影响磷石膏参与粉煤灰水化反应生成钙矾石等骨架物质的数量，即对钻井废泥浆最终固化效果有直接影响。随着生石灰用量增加，固结物抗压强度增大，浸出液COD值降低，当生石灰用量约为1.7%时，固结物抗压强度最大，浸出液COD值降至最低，说明此用量下反应最彻底，生成钙矾石等骨架物质的数量最多；而后随生石灰用量的增加，固结物抗压强度下降，浸出液COD值上升，这是因为过量的生石灰会水化硬化生成氢氧化钙和碳酸钙存留在固结物中，浸泡时它们相对而言较容易溶解，从而使得固化效果下降。

（3）其他因素对固化的影响。①固相含量和密度。随着固相含量的增加，钻井液的密度也相应增加，在相同GH-2A高效还原粉加量的条件下，固化强度发展随固相含量和密度的增加而加快。②温度和天气。研究表明，并不是温度越高越好，25~40℃是固化施工的较好温度范围，固化体不仅形成较快，而且强度较高，表面不形成裂缝。另外，下雨时不适合固化施工，过多的水会影响固化的效果。③聚合物和盐。实验表明，对含盐和聚合物的废弃钻井液固化时，与常规情况比较，其固化体强度发展快，强度高，且含聚合物时更是如此。

第二节　水泥浆化学技术

水泥浆是固井中使用的工作液。这里提到的固井是一种作业，该作业是由套管向井壁与套管的环空注入水泥浆并使其上返至一定高度，随后水泥浆变成水泥石将井壁与套管固结起来。

一、水泥浆的密度及其调整

固井时，为使水泥浆能将井壁与套管间的钻井液彻底替换，应要求水泥浆密度大于钻井液密度，但又不能压漏地层。

配制水泥浆时，水与水泥的质量比称为水灰比。通常要使水泥完全水化，需要的水为水泥质量的20%左右即可，但此时水泥浆基本不能流动，要使水泥浆能流动，加水量应达到水泥质量的45%~50%，调节出的水泥浆的密度为1.8~1.9g/cm³。根据不同的地层情况，水泥浆的密度需调整至不同的范围。若水泥浆的密度不在所要求的范围内，则可通过调整水泥浆密度外掺料的方式调整其密度。调整水泥浆密度外掺料又可进一步分为降低水泥浆密度外掺料和提高水泥浆密度外掺料。

（一）降低水泥浆密度外掺料

能降低水泥浆密度的物质称为降低水泥浆密度外掺料。在低压油气层或易漏地层固井时，需在水泥浆中加入降低水泥浆密度外掺料。

降低水泥浆密度外掺料有以下几种：

1.黏土

黏土的固相密度（2.4~2.7g/cm³）低于水泥的固相密度（3.05~3.2g/cm³），若以部分黏土替代水泥配制水泥浆，则可将水泥浆的密度降低。这是密度较低的固体降低水泥浆密度的部分替代机理。

此外，黏土还有其他密度较低固体，如粉煤灰、膨胀珍珠岩和空心玻璃微珠等没有的降低水泥浆密度的机理，即稠化机理。由于黏土（特别是钠膨润土）对水有优异的稠化作用，因此可大幅度增加水泥浆中的水（其密度为1g/cm³）含量，从而有效地降低水泥浆密度。

黏土在水泥浆中的加入量一般为水泥质量的5%~32%，可用于配制密度为1.3~1.8g/cm³的水泥浆。

若配制水泥浆的水为淡水或低浓度盐水，则降低水泥浆密度外掺料可用膨润土；若配制水泥浆的水为高浓度盐水，则降低水泥浆密度外掺料应使用抗盐黏土，如坡缕石或海泡石，因为它们不受盐含量影响，具有良好的抗盐性。

2.粉煤灰

粉煤灰是粉煤燃烧产生的空心颗粒，主要组分为二氧化硅。粉煤灰的固相密度（约为2.1g/cm³）比水泥的固相密度低。

若用粉煤灰部分替代水泥配制水泥浆，则可降低水泥浆的密度。用粉煤灰可以配制密度为1.6~1.8g/cm³的水泥浆。

3.膨胀珍珠岩

膨胀珍珠岩是通过珍珠岩高压熔融，然后迅速减压、冷却后产生的多孔性固体。固体中的孔隙是由珍珠岩中的结晶水在高温减压时汽化形成的。膨胀珍珠岩的固相密度（约为2.4g/cm³）低于水泥的固相密度。

若以部分膨胀珍珠岩替代水泥配制水泥浆，则可降低水泥浆的密度。用膨胀珍珠岩可配制密度为1.1~1.2g/cm³的水泥浆。

4.空心玻璃微珠

空心玻璃微珠是将熔融的玻璃通过特殊喷头喷出产生的。空心玻璃微珠的粒径为20~200μm，壁厚为0.2~0.4μm，表观密度为0.4~0.6g/cm³。

若用空心玻璃微珠部分替代水泥配制水泥浆，则可降低水泥浆的密度。用空心玻璃微珠可以配制密度为1.0~1.2g/cm³的水泥浆。

此外，也可用空心陶瓷微珠（表观密度约为0.7g/cm³）和空心酚醛树脂微珠（表观密度约为0.5g/cm³）配制低密度水泥浆。

（二）提高水泥浆密度外掺料

能提高水泥浆密度的物质称为提高水泥浆密度外掺料。在高压油气层固井时，需在水泥浆中加入提高水泥浆密度外掺料。提高水泥浆密度外掺料有以下两类：

1.高密度固体粉末

高密度固体有重晶石、菱铁矿、钛铁矿、磁铁矿、黄铁矿等。将这些高密度固体磨成一定粒度的粉末并加入水泥浆中，可提高水泥浆的密度。用高密度固体粉末可配制密度为2.1~2.4g/cm³的水泥浆。

2.水溶性盐

水溶性盐是通过提高水相密度而提高水泥浆密度的。水溶性盐主要用氯化钠，可将水泥浆密度提高到2.1g/cm³。此外，也可通过加入水泥浆减阻剂（后面会讲），在保证水泥浆流变性的前提下，大幅度降低水泥浆的水灰比，从而提高水泥浆的密度。

二、水泥浆稠化及稠化时间调整

（一）水泥浆稠化

1.水与水泥混合后的行为

水与水泥混合后的行为主要表现为水泥浆逐渐变稠，水泥浆这种逐渐变稠的现象称为水泥浆稠化。水泥浆稠化的程度用稠度表示，水泥浆的稠度是用稠化仪通过测定一定转速的叶片在水泥浆中所受的阻力得到的。水泥浆稠化速率用稠化时间表示，水泥浆的稠化时间是指水泥浆从配制开始到其稠度达到规定值所用的时间。

2.水泥各组分的水化反应

水泥浆稠化是由水泥水化引起的。在水中，水泥各组分可发生下列水化反应：

$$3CaO \cdot SiO_2 + 2H_2O \longrightarrow 2CaO \cdot SiO_2 \cdot H_2O + Ca(OH)_2$$

$$2CaO \cdot SiO_2 + H_2O \longrightarrow 2CaO \cdot SiO_2 \cdot H_2O$$

$$3CaO \cdot Al_2O_3 + 6H_2O \longrightarrow 3CaO \cdot Al_2O_3 \cdot 6H_2O$$

$$4CaO \cdot Al_2O_3 \cdot Fe_2O_3 + 7H_2O \longrightarrow 3CaO \cdot Al_2O_3 \cdot 6H_2O + CaO \cdot Fe_2O_3 \cdot H_2O$$

水化产生的 $Ca(OH)_2$ 还可分别与 $CaO \cdot Al_2O_3$ 和 $CaO \cdot Al_2O_3 \cdot Fe_2O_3$ 发生水化反应：

$$3CaO \cdot Al_2O_3 + Ca(OH)_2 + (n-1)H_2O \longrightarrow 4CaO \cdot Al_2O_3 \cdot nH_2O$$

$$4CaO \cdot Al_2O_3 \cdot Fe_2O_3 + 4Ca(OH)_2 + 2(n-2)H_2O \longrightarrow 8CaO \cdot Al_2O_3 \cdot Fe_2O_3 \cdot 2nH_2O$$

3.水泥水化过程

可用量热法研究水泥的水化过程。图2-1为水泥水化时放热速率随时间变化示意图。

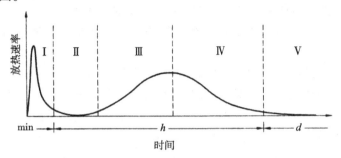

图2-1 水泥水化时放热速率随时间变化示意图

Ⅰ—预诱导阶段；Ⅱ—诱导阶段；Ⅲ—固化阶段；Ⅳ—硬化阶段；Ⅴ—终止阶段

从图2-1可以看到，水泥的水化过程可分为以下5个阶段：

（1）预诱导阶段。此阶段是指水与水泥混合后的几分钟时间内。在这个阶段，由于水泥干粉被水润湿并开始水化反应，所以放出大量的热（其中包括润湿热和反应热）。水化反应生成的水化物在水泥颗粒表面附近形成过饱和溶液并在表面析出，阻止了水泥颗粒进一步水化，使水化速率迅速下降，进入诱导阶段。

（2）诱导阶段。在此阶段，水泥的水化速率很低，稠度变化小，是泵送或施工的最好时期。但由于水泥表面析出的水化物逐渐溶解（因为它对水泥浆的水相并未达到饱和），所以在此阶段后期，水化速率有所增加。

（3）固化阶段。在此阶段，水泥表面析出的水化物被溶解后，阻隔能力减小，水化速率增大，水泥水化产生大量水化物，它们首先溶于水中，随后饱和析出，在水泥颗粒间形成网络结构，使水泥浆固化。

（4）硬化阶段。在此阶段，水泥颗粒间的网络结构变得越来越密，水泥石的强度越来越高，因此渗透率越来越低，水的运动能力下降，影响未水化的水泥颗粒与水接触，水化速率越来越低。

（5）终止阶段。在此阶段，渗入水泥石的水越来越少，直至不能渗入，从而使水泥的水化停止，完成了水泥水化的全过程。

（二）水泥浆稠化时间调整

为了满足施工要求，需调整水泥浆的稠化时间。能调整水泥浆稠化时间的物质称为调凝剂。调凝剂可分为促凝剂和缓凝剂。

1.水泥浆促凝剂

能缩短水泥浆稠化时间的调凝剂称为水泥浆促凝剂。

氯化钙是典型的水泥浆促凝剂，它的加入量对水泥浆稠化时间的影响见表2-1。

从表2-1可以看到，氯化钙的加入可明显缩短水泥浆的稠化时间。

氯化钙主要通过压缩析出水化物表面的扩散双电层，使它在水泥颗粒间形成具有高渗透性的网络结构，有利于水的渗入和水化反应的进行，从而起促凝作用。

表2-1　氯化钙加入量对水泥浆稠化时间的影响

$w（CaCl_2）/\%$	稠化时间/min		
	32℃	40℃	45℃
0	240	180	152
2	77	71	61
4	75	62	59

表2-2为氯化钙加入量对水泥石早期抗压强度的影响。表2-2表明，氯化钙除能起促凝作用外，还能提高水泥石早期的抗压强度。

表2-2　氯化钙加入量对水泥石早期抗压强度的影响

$w（CaCl_2）/\%$	抗压强度/MPa		
	6h	12h	24h
0	2.6	5.9	12.5
2	7.8	16.6	27.6
4	9.2	17.9	31.2

其他水溶性盐（如氯化物、碳酸盐磷酸盐、硫酸盐、铝酸盐、低分子有机酸盐等）均有与氯化钙类似的促凝作用。

2.水泥浆缓凝剂

能延长水泥浆稠化时间的调凝剂称为水泥浆缓凝剂。

（1）水泥浆缓凝剂分类。硼酸及其盐（如硼酸、四硼酸钠、五硼酸钠等）；膦酸及其盐［如次氨基三亚甲基膦酸及其盐（ATMP）、次乙基羟基二膦酸及其盐（HEDP）、乙二胺四亚甲基膦酸及其盐（EDTMP）等］；羟基羧酸及其盐（如乳酸及其盐、水盐酸及其盐、五倍子酸及其盐、苹果酸及其盐、酒石酸及其盐、柠檬酸及其盐）；木质素磺酸盐及其改性产物（如木质素磺酸钠或木质素磺酸钙、铁铬木质素磺酸钠等）；水溶性聚合物［如丙烯酰胺、丙烯酸钠与（2-丙烯酰胺基-2-甲基）丙基磺酸钠共聚物、钠羧甲基纤维素、羟乙基纤维素、钠羧甲基羟乙基纤维素等］。

（2）水泥浆缓凝剂的作用机理。上述水泥浆缓凝剂主要通过以下机理起缓凝作用。

①吸附机理。水泥浆缓凝剂可吸附在水泥颗粒表面，阻碍其与水接触；也可吸附在饱和析出的水泥水化物表面，影响其在固化阶段和硬化阶段形成网络结构的速率，起缓凝作用。木质素磺酸盐及其改性产物和水溶性聚合物主要通过此机理起缓凝作用。②螯合机理。水泥浆缓凝剂可与Ca^{2+}

通过螯合形成稳定的五元环或六元环结构，从而影响水泥水化物饱和析出的速率，起缓凝作用。硼酸及其盐、羟基羧酸及其盐、膦酸及其盐主要通过此机理起缓凝作用。

三、水泥浆的流变性及其调整

（一）水泥浆的流变性

水泥浆的流变性与水泥浆注入时的流动阻力有关，也与水泥浆对钻井液的顶替效率和固井质量有关。

水泥浆有与钻井液类似的流变性，这是由于水泥在水中与黏土在水中有类似的带电性和凝聚性。水泥与黏土在水中的性质之所以类似，可从水泥是以黏土为主要原料和水泥颗粒也可以在水中产生羟基表面等方面理解。因此，可用描述钻井液流变性的几种流变模式描述水泥浆的流变性。

（二）水泥浆流变性调整

由于水泥浆中固相含量很高，流动阻力很大，因此，水泥浆流变性的调整主要是降低水泥浆的流动阻力，可通过加入水泥浆减阻剂来降低水泥浆的流动阻力。

水泥浆减阻剂与钻井液的降黏剂有相同的作用机理，都是通过吸附作用，提高水泥颗粒表面的负电性并增加水化层厚度，从而使水泥颗粒形成的结构被拆散，进而起减阻作用。

可用的水泥浆减阻剂有以下几类。

1.羟基羧酸及其盐

如乳酸、五倍子酸、柠檬酸、水杨酸、苹果酸和酒石酸及这些酸的盐等。

这类减阻剂具有热稳定性高、抗盐性强、缓凝作用好等特点。

2.木质素磺酸盐及其改性产物

如木质素磺酸钠、木质素磺酸钙和铁铬木质素磺酸盐等。

这类减阻剂具有与羟基羧酸及其盐类似的特点，但使用时需加消泡剂消泡。

3.烯类单体低聚物

如聚乙烯磺酸钠、聚苯乙烯磺酸钠、乙烯磺酸钠与丙烯酰胺共聚物、苯乙烯磺酸钠与顺丁烯二酸钠共聚物等。

上述低聚物的相对分子质量一般为$2 \times 10^3 \sim 6 \times 10^3$。

烯类单体低聚物具有热稳定性高、不起泡、不缓凝和减阻效果好等特点。

4.磺化树脂低缩聚物

重要的磺化树脂如磺化烷基萘甲醛树脂。这种磺化树脂的相对分子质量为$2 \times 10^3 \sim 4 \times 10^3$，具有烯类单体低聚物的特点，但有一定的缓凝作用。

四、水泥浆的滤失性及其控制

（一）水泥浆的滤失性

为保证水泥浆的流动，应当使水的加入量比完全水化所用的水量多很多，现场用水量一般达到水泥质量的50%左右，才能使水泥浆的流动性良好。水泥浆在凝固之后，多余的水会析出，析出的水为高矿化度自由水，可以渗入地层，若发生在生产层就造成严重污染，如果析出的水不能进入地层，有可能留在水泥石中形成孔道，会造成流体上窜的通道，破坏水泥石的封隔性及降低水泥石的强度。一般未加化学剂处理的水泥浆的常规滤失量大于1500mL，比钻井液的滤失速率高得多，因此，应加入处理剂，以尽量降低水泥浆的失水量。

不同的固井目的对水泥浆滤失量有不同的要求：一般固井要求常规滤失量小于250mL；深井固井要求常规滤失量小于50mL；油气层固井要求常规滤失量小于20mL。

此外，地层渗透性不同，对水泥浆滤失性的要求也不相同。渗透性越好的地层，要求水泥浆的滤失量越低。

水泥浆的滤失理论及其影响因素与钻井液的相同。

（二）水泥浆滤失量控制

为了将水泥浆滤失量控制在要求范围内，可加入水泥浆降滤失剂。水泥浆降滤失剂有以下三类。

1.固体颗粒

可将膨润土、石灰石、沥青和热塑性树脂等固体粉碎成不同粒度的颗粒，用作水泥浆降滤失剂。固体颗粒主要通过捕集机理和物理堵塞机理起降滤失作用。

2.胶乳

胶乳是由乳液聚合产生的分散体系。乳液聚合是一种制造聚合物的方法，该方法是在搅拌下借助乳化剂的作用将不溶于水的单体（或单体的低聚物）乳化在水中进行聚合反应。胶乳中液珠的直径为0.05~0.50 μm。

稳定的胶乳是通过黏稠液珠在地层孔隙结构中产生叠加的Jamin效应起降滤失作用的；不稳定的胶乳则是通过液珠在地层孔隙表面成膜来降低地层的渗透率而起降滤失作用的。

3.水溶性聚合物

聚乙烯醇，聚N-乙烯吡咯烷酮，钠羧甲基纤维素，羟乙基纤维素，钠羧甲基羟乙基纤维素，钠羧甲基羟丙基纤维素，支链型四五聚1,2-亚乙基亚胺，磺化苯乙烯与顺丁烯二酸酐共聚物，丙烯酰胺、丙烯酸钠与（2-丙烯酰胺基-2-甲基）丙基磺酸钠共聚物等水溶性聚合物可用作水泥浆降滤失剂。

水溶性聚合物主要通过增黏机理、吸附机理、捕集机理和（或）物理堵塞机理起降滤失作用。水溶性聚合物使水泥浆降滤失的机理与水溶性聚合物使钻井液降滤失的机理相同。

五、气窜及其控制

气窜是固井过程中常遇到的问题，它是指高压气层中的气体沿着水泥石与井壁和（或）水泥石与套管间的缝隙进入低压层或上窜至地面的现象。水泥石与井壁和（或）水泥石与套管间之所以形成缝隙，是因为水泥浆在固化阶段和硬化阶段出现体积收缩现象，水泥各组分水化后的体系体积（水泥各组分体积加水体积）收缩率见表2-3。

表2-3 水泥各组分水化后的体系体积收缩率

水泥的组分	水化后的体系体积收缩率/%
$3CaO \cdot SiO$	5.3
$2CaO \cdot SiO$	2.0
$3CaO \cdot Al_2O_3$	23.8
$4CaO \cdot Al_2O_3 \cdot Fe_2O_3$	10.0

显然，水泥浆在固化阶段和硬化阶段的体积收缩是水泥各组分水化后体系体积收缩的综合结果。为了减小水泥浆在固化阶段和硬化阶段的体积

收缩，可使用水泥浆膨胀剂（或称为防气窜剂）。下面是几种常用的水泥浆膨胀剂。

1.半水石膏

半水石膏加入水泥浆后，首先水化生成二水石膏，然后与铝酸三钙水化物反应生成钙矾石。

反应生成的钙矾石分子中含有大量的结晶水，体积膨胀，抑制了水泥浆的体积收缩。

2.铝粉

铝粉加入水泥浆后，可与氢氧化钙反应产生氢气：

$$2Al+Ca(OH)_2+2H_2O \longrightarrow Ca(AlO_2)_2+3H_2\uparrow$$

反应产生的氢气分散在水泥浆中，使水泥浆的体积膨胀，抑制了水泥浆的体积收缩。

3.氧化镁

氧化镁加入水泥浆后，可与水反应生成氢氧化镁。由于氧化镁的固相密度为$3.58g/cm^3$，氢氧化镁的固相密度为$2.36g/cm^3$，所以氧化镁与水反应后体积增大，抑制了水泥浆的体积收缩。

由于由氧化镁引起的水泥浆体积膨胀率随温度的升高而增大，所以氧化镁适用于高温固井。

为了减小水泥石的渗透性，防止气体渗漏，还可在水泥浆中加入水溶性聚合物、水溶性表面活性剂和胶乳等。水溶性聚合物通过提高水相黏度或物理堵塞减小水泥石的渗透性；水溶性表面活性剂通过气体渗入水泥石孔隙后产生泡沫的叠加贾敏效应减小水泥石的渗透性；胶乳则通过黏稠的聚合物油珠在水泥石的孔隙中产生的叠加贾敏效应和（或）成膜作用减小水泥石的渗透性。

六、水泥浆的漏失及其处理

水泥浆的漏失一般应控制在钻井阶段，即在钻井液循环过程中就必须将漏失地层堵好。但由于水泥浆的密度比相应钻井液的密度大，在注水泥浆过程中有时仍会发生水泥浆漏失。

对水泥浆漏失可采取两种方法处理：一种方法是在确保固井质量的前提下尽量减小水泥浆的密度和（或）减小水泥浆的流动压降，以保证注水泥浆时井下压力低于相应钻井液循环时的最大井下压力；另一种方法是在注水泥浆前注入加有堵漏材料的隔离液，并在水泥浆中也加入堵漏材料。

这些堵漏材料主要是纤维性材料（如短棉绒、石棉纤维）或颗粒性材料（如核桃壳、花生壳、玉米芯、黏土、硅藻土、膨胀珍珠岩、石灰岩等的颗粒）。

在这些堵漏材料中，若为表面惰性材料（如核桃壳），则其加入不会对水泥浆的稠化时间和水泥石的强度产生影响；若为表面活性材料（如黏土），则要注意其加入会对水泥浆的稠化时间和水泥石的强度产生影响。

七、水泥浆体系

水泥浆体系是指一般地层和特殊地层固井用的各类水泥浆。

（一）常规水泥浆

由水泥（包括API标准中的9种油井水泥和SY标准中的4种水泥）、淡水及一般水泥浆外加剂与外掺料配成，适用于一般地层的水泥浆称为常规水泥浆。这类水泥浆的配制和施工都较简单。

（二）特种水泥浆

适用于特殊地层的水泥浆称为特种水泥浆。下面是一些重要的特种水泥浆：

1.膨胀水泥浆

膨胀水泥浆是以水泥浆膨胀剂为主要外加剂的水泥浆。

这类水泥浆固化时，能产生轻度的体积膨胀，克服常规水泥浆固化时体积收缩的缺点，改善水泥石与井壁和水泥石与套管间的连接，防止气窜发生。

常用的水泥浆膨胀剂为半水石膏铝粉、氧化镁等，加有这些水泥浆膨胀剂的水泥浆分别称为半水石膏水泥浆、铝粉水泥浆、氧化镁水泥浆等。

2.含盐水泥浆

含盐水泥浆是以无机盐为外加剂的水泥浆。

常用的无机盐为氯化钠和氯化钾，这类水泥浆适用于岩盐层和页岩层的固井。

3.胶乳水泥浆

胶乳水泥浆是以胶乳（如聚乙酸乙烯酯胶乳、苯乙烯与甲基丙烯酸甲酯共聚物胶乳等）为主要外加剂的水泥浆。

水泥浆中的胶乳可提高水泥石与井壁和水泥石与套管间的胶结强度，

降低水泥浆的滤失量和水泥石的渗透性，因而有良好的防气窜性能。

4.触变水泥浆

触变水泥浆是以触变性材料为外掺料的水泥浆。半水石膏是最常用的触变性材料，若在水泥浆中加入8%~12%水泥质量的半水石膏，就可配得触变水泥浆。

由于半水石膏水化物可与铝酸三钙水化物反应生成钙矾石，这种钙矾石为针状结晶，可沉积在水泥颗粒间形成凝胶结构，但这种凝胶结构很容易被切力破坏，恢复水泥浆的流动状态。若消除切力，它又逐渐建立凝胶结构，因此半水石膏的加入可使水泥浆具有触变性，成为触变水泥浆。

触变水泥浆主要用于易漏地层的固井。当触变水泥浆进入漏失层时，水泥浆前缘流速逐渐减慢（因为是径向流）而逐渐形成凝胶结构，流动阻力逐渐增加，直至水泥浆不再进入漏失层，水泥浆固化后，漏失层即被有效地堵住。

由于钙矾石生成时体积膨胀，可以补偿水泥浆固化时的体积收缩，因此，用半水石膏配得的触变水泥浆还可用于易发生气窜地层的固井。

5.防冻水泥浆

防冻水泥浆是以防冻剂和促凝剂为主要外加剂的水泥浆。

加入防冻剂的目的是使水泥浆在低温（低于−3℃）下仍有良好的流动性；加入促凝剂的目的是使水泥浆在低温下仍能有满足施工要求的稠化时间和产生足够强度的水泥石。

最常用的防冻剂是无机盐（如氯化钠、氯化钾）和低分子醇（如乙醇、乙二醇），最常用的低温促凝剂是铝酸钙和石膏。

6.高温水泥浆

高温水泥浆是以活性二氧化硅为外掺料，能用于高温（高于110℃）地层固井的水泥浆。常规水泥浆之所以不适用于高温条件，是因为高温下水泥水化物中的$2CaO \cdot SiO_2 \cdot H_2O$会由 β 晶相转变为 α 晶相，体积收缩，破坏了水泥石的完整性，导致水泥石抗压强度下降和渗透率增大。为使常规水泥浆能用于高温条件，可在水泥浆中加入活性二氧化硅外掺料（加入量为水泥质量的35%），降低水泥浆中氧化钙对二氧化硅物质的量的比值，抑制$2CaO \cdot SiO_2 \cdot H_2O$由 β 晶相向 α 晶相的转变，并生成一系列耐温、低渗透、高强度的水化物，如在110℃生成$5CaO \cdot 6SiO_2 \cdot 5H_2O$（雪硅钙石），在150℃生成$6CaO \cdot 6SiO_2 \cdot H_2O$（硬硅钙石）等。

7.泡沫水泥浆

泡沫水泥浆是由水、水泥、气体、起泡剂和稳泡剂配成的。可用的气体为氮气或空气；可用的起泡剂为水溶性表面活性剂（如烷基苯磺酸盐、烷基硫酸酯钠盐、聚氧乙烯烷基苯酚醚等）；可用的稳泡剂为水溶性聚合物（如钠羧甲基纤维素、羟乙基纤维素等）。

泡沫水泥浆最突出的优点是密度低、强度高，适用于高渗透层、裂缝层、溶洞层的固井。

8.钻井液转化水泥浆

可在钻井液中加入高炉矿渣（简称矿渣）、能提高pH的活化剂和其他外加剂（如减阻剂和缓凝剂）配成水泥浆，这种水泥浆称为钻井液转化水泥浆。

矿渣是在炼钢过程中产生的废渣，主要组分为CaO、SiO_2和Al_2O_3。

矿渣与水泥的组成相近，不同的是矿渣必须在pH大于12的条件下使用，因为在此碱性条件下矿渣的主要组分首先溶解、水化，然后析出形成网络结构，使体系固化。

钻井液转化水泥浆是利用矿渣在碱性条件下固化的特性配成的。若在钻井液中首先加入矿渣，使它在钻井过程中能在井壁表面形成含矿渣的滤饼，然后在固井时加入能提高体系pH的活化剂（如氢氧化钠、氢氧化钾、碳酸钠等）和其他外加剂，就可将钻井液转化为水泥浆用于固井。滤饼中的矿渣也可在活化剂的作用下固化，提高固井质量。

这种钻井液转化水泥浆在固井中的使用可减少水泥浆外加剂的用量，并可减少废弃钻井液对环境的污染。

第三章　采油化学技术

采油化学是研究用化学方法解决采油过程中遇到的问题。采油过程中遇到的问题有油层的问题，也有油水井的问题。油层的问题集中表现在原油采收率不高，而提高原油采收率的主要方法是使用各种驱油剂，如化学驱。油井问题主要包括油井出砂、油井结蜡、油井出水、稠油井开不起来以及由于各种原因引起的油井产量降低，解决油水井问题，也多用化学方法。本章主要叙述解决油层问题和油水井问题的化学方法。

第一节　化学驱

利用碱、表面活性剂、聚合物、微乳液和泡沫驱油提高采收率的方法称为化学驱。化学驱又可分为聚合物驱、表面活性剂驱、碱驱和它们的组合驱油法（复合驱）。

一、聚合物驱

聚合物驱是以水溶性高分子聚合物溶液做驱油剂的驱油法，聚合物驱也称为聚合物溶液驱、聚合物强化水驱、稠化水驱和增黏水驱。

一般来说，油田常用两类聚合物：合成聚合物［如部分水解聚丙烯酰胺（HPAM）］和生物聚合物（如黄原胶）。为了满足特定的需要，还会利用它们开发出一些衍生品和变异品。水解聚丙烯酰胺（HPAM）类聚合物由于在价格和大规模生产方面具有优势，应用要比生物聚合物（黄原胶类）更广泛。有学者认为，部分水解聚丙烯酰胺（HPAM）溶液的黏弹性要显著大于黄原胶溶液。

聚丙烯酰胺在矿物表面有很强的吸附作用。因此，通过与氢氧化钠、氢氧化钾或碳酸钠等碱发生反应，使聚丙烯酰胺部分水解，从而降低其吸附作用。水解作用使一些酰胺基（$CONH_2$）转化成羧基（COO^-）。聚丙烯酰胺的水解作用为聚合物链的主链引进了负电荷，对聚合物溶液的流变性有很大的影响。在含盐度较低的情况下，聚合物主链上的负电荷相互排斥，使得聚合物链被拉伸。在聚合物溶液中加入一种电解质（如NaCl）后，排斥力被双层电解质屏蔽，拉伸力减小，从而使其黏度降低。其相对分子质量在百万量级。

黄原胶聚合物的作用相当于一个半栅极棒，它能强力抵抗机械降解。

聚合物驱的主要机理是聚合物溶液的黏度比较高，使驱替聚合物溶液与前面被驱替流体的流度比减小，黏性指进减弱。随着黏性指进减弱，波及效率提高。

交付的聚合物可能是液态乳液、水溶液、固体粉末或固体条块。如果是液态乳液或水溶液，则需要用泵将它们添加到水中；如果是固体粉末，则需要经过配定、分散、熟化、运输、过滤和储存等多个步骤来配制聚合物溶液。

二、表面活性剂驱

表面活性剂驱是以表面活性剂体系作为驱油剂的驱油法。

表面活性剂驱的关键机理是超低界面张力效应提高驱替效率。超低的界面张力导致毛细管准数较大，从而降低残余油饱和度。在表面活性剂驱中，界面张力低会导致乳状液的形成，要么是水包油（O/W）乳状液，要么是油包水（W/O）乳状液。乳状液液滴聚合在一起，就会在表面活性剂前缘的前面形成能移动的油带。聚合物驱的关键机理是提高波及效率。

表面活性剂的驱油方法主要有：活性水（表面活性剂浓度小于临界胶束浓度的体系）、胶束溶液（表面活性剂浓度大于临界胶束浓度但小于2%的体系）、微乳液（表面活性剂浓度大于4%的体系）、乳液体系、泡沫体系等。

（一）活性水驱油

活性水驱油是以浓度小于临界胶束浓度的表面活性剂水溶液作为驱替液的驱油方法。目前所使用的表面活性剂主要是以钠盐为主的阴离子型烷基磺酸盐、烷基苯磺酸盐、过烷基萘酸盐、各种羧酸盐、硫酸盐、磷酸盐及非离子表面活性剂。

（二）胶束溶液驱油

以胶束溶液作为驱油剂的驱油法叫胶束溶液驱油。胶束溶液为浓度大于临界胶束浓度的表面活性剂溶液，它是介于活性水驱油和微乳驱油之间的一种表面活性剂驱油。在一定条件下，胶束溶液与油之间可产生10^{-3}mN/m的超低界面张力。与活性水相比，胶束溶液有两个特点：一是表面活性剂浓度超过临界胶束浓度，因此溶液中有胶束存在；二是胶束溶液中除表面活性剂外，还加入了醇和盐等助剂，它们对水相和油相的极性进行了一定的调整，均衡了表面活性剂亲水性和亲油性，助剂尽可能附着于油水界面上，进而生成超低界面张力，从而在胶束溶液驱油的低界面张力机理上进行了一定的强化。同时，由于胶束溶液具有增溶能力，因此提高了胶束溶液的洗油效率，提高了驱替液的驱油替效果。胶束溶液驱油不仅具有水驱的全部特点，而且可加入不同的盐和醇进行改性，虽然成本较水驱油相对提高，但其潜力是巨大的。

（三）微乳液驱油

表面活性剂溶液相态特征受含盐度影响极大。一般来说，盐水的含盐度增加，则阴离子表面活性剂在其中的溶解度下降。随着电解质浓度的增加，表面活性剂被从盐水中驱出，随着含盐度增加，表面活性剂从水相移动到油相中。在含盐度较低时，典型的表面活性剂展现出良好的水相溶解性。油相实质上是没有表面活性剂的。一些油溶解在胶束的束芯中。

系统存在两种相态：过剩的油相和水包微乳状液相。由于微乳状液是水性的，且密度大于油相，位于油相下面，被称为"下部相"微乳状液。含盐度较高时，系统分为油包微乳状液相和过剩水相两种相态。在这种情况下，微乳状液被称为"上部相"微乳状液。在中等含盐度条件下，系统可能存在三种相态：过剩油相、微乳状液相和过剩水相。此时，微乳状液相位于中部，被称为"中间相"微乳状液。

微乳液的最佳驱油状态与多种变量有关，如最佳含盐度、相态和表面活性剂在油水相的分配等。微乳液在含油多孔介质中的岩性、原油性质及饱和度、地层盐水矿化度、化学段塞和驱替水的原始组成都对微乳液的相态产生影响。从目前的研究结果看主要有以下几种现象：

（1）表面活性剂在油水相中的分配。微乳液体系在接触岩心中的油水后，会产生重新分配的现象，由于油水比例发生变化，表面活性剂分子会扩散到新的油水中，使微乳液的组成及表面活性剂在油水相中的分配系数发生变化。如果使用的表面活性剂为混合物，烷基链较长的表面活性剂倾向于扩散到油相中，烷基链较短的表面活性剂倾向溶于水相中，发生所谓的色谱分离现象，使微乳液体系偏离最佳状态，并使表面活性剂产生损失。

（2）表面活性剂的吸附损失。微乳液体系中的表面活性剂与岩心中的黏土发生作用，产生物理及化学吸附，减少微乳液体系中的表面活性剂，导致油水界面张力发生变化及对油水增溶量降低。

（3）最佳含盐度的改变。微乳液体系对体系的含盐量十分敏感，当注入的微乳液与岩心中的束缚水混合时，会使盐度发生很大的变化，使微乳液体系偏离最佳含盐度状态，从而降低驱油效果。

如果能连续注入微乳液体系驱油，便能够消除上述一些因素的影响，并获得最大的驱油效率，但由于经济上的限制，微乳液驱油必须使用有限体积的化学剂段塞，通常为10%PV。在此条件下，注入段塞有三个重要区域：前混合带、高浓度化学剂段塞和后混合带，由于段塞体积很小，当体系运移到油藏中时，前后混合带很快重叠在一起，因此，在油藏或岩心中存在最佳状态的微乳液体系。

（四）泡沫驱油

泡沫的稳定性将会影响泡沫驱油的驱油效果。泡沫的稳定性主要取决于液膜厚度和表面膜强度，主要影响因素有：液体的表面黏度、界面张力、界面张力修复作用、表面电荷、表面活性剂分子结构及分子量等。因此，起泡剂表面活性剂的效果将直接影响泡沫的稳定性。

选择起泡剂的条件是发泡量高、稳泡性强，即泡沫寿命长、吸附量少、洗油能力强、能抗硬水、不产生沉淀堵塞地层、货源广、价格低廉。因此，配制泡沫的起泡剂应有一定的分子链长，最好没有分支，亲水基在一端，有利于非极性端的横向结合，稳泡性强。配制泡沫用的起泡剂主要是表面活性剂，如烷基磺酸盐、烷基苯磺酸盐、聚氧乙烯烷基醇醚-15、聚氧乙烯烷基苯酚醚-10、聚氧乙烯烷基醇醚硫酸酯盐、聚氧乙烯烷基醇醚羧酸盐等。在起泡剂中还可加入适量的聚合物提高水的黏度，从而加强泡沫的稳定性。

泡沫驱油的施工方式可以采用层内发泡和层外发泡两种方式。层外发泡即用泡沫发生器在地表产生泡沫后再注入地层；层内发泡是指将气体与起泡剂、稳泡剂水溶液分别由油管和套管环形空间注入，使其在射孔眼混合成泡沫注入。层外发泡泡沫黏度大，摩阻大，泵压大，动力消耗大；层内发泡注入压力低，现场施工方便。

三、碱驱

碱驱是指以碱溶液作为驱油剂的驱油法，碱驱也称为碱溶液驱或碱强化水驱。

碱驱用的碱，除了碱（如 NaOH、KOH、NH$_4$OH）外，还有盐（如 NaBO$_2$、Na$_2$CO$_3$、Na$_2$SiO$_3$、Na$_4$SiO$_4$、Na$_3$PO$_4$）。由于这些盐均可在水中通过下列反应生成 OH$^-$，所以它们都可称为潜在碱：

$$BO_2^- + H_2O \rightleftharpoons OH^- + HBO_2$$
$$CO_3^{2-} + H_2O \rightleftharpoons OH^- + HCO_3^-$$
$$HCO_3^- + H_2O \rightleftharpoons OH^- + H_2CO_3$$
$$SiO_3^{2-} + H_2O \rightleftharpoons OH^- + HSiO_3^-$$
$$HSiO_3^- + H_2O \rightleftharpoons OH^- + H_2SiO_3$$
$$SiO_4^{4-} + H_2O \rightleftharpoons OH^- + HSiO_4^{3-}$$
$$HSiO_4^{3-} + H_2O \rightleftharpoons OH^- + H_2SiO_4^{2-}$$
$$H_2SiO_4^{2-} + H_2O \rightleftharpoons OH^- + H_3SiO_4^-$$
$$H_3SiO_4^- + H_2O \rightleftharpoons OH^- + H_4SiO_4$$
$$PO_4^{3-} + H_2O \rightleftharpoons OH^- + HPO_4^{2-}$$
$$HPO_4^{2-} + H_2O \rightleftharpoons OH^- + H_2PO_4^-$$
$$H_2PO_4^- + H_2O \rightleftharpoons OH^- + H_3PO_4$$

碳酸钠与碳酸氢钠可通过下面反应对体系的pH起缓冲作用：

$$CO_3^{2-} + H_2O \rightleftharpoons OH^- + HCO_3^-$$

它们是一对缓冲物质，因此可用碳酸钠与碳酸氢钠复配，产生有缓冲作用的碱体系。同理，Na$_3$PO$_4$ 与 Na$_2$HPO$_4$ 也是一对有缓冲作用的碱体系。碱驱用的碱，还可用有机碱，如乙胺、吡啶、苯酚钠盐等。

原油中的石油酸如脂肪酸、环烷酸、胶质酸和沥青质酸等可与碱（氢氧化钠）反应，生成相应的石油酸盐：

（脂肪酸）

（环烷酸）

（胶质酸）

（沥青质酸）

在所产生的石油酸盐中，亲水性与亲油性比较平衡的石油酸盐都是可降低油水界面张力的表面活性物质。

在碱溶液中，还需加入适量的盐（如NaCl），使碱与石油酸反应产生的表面活性物质有所需的亲水亲油平衡。

四、复合驱

复合驱是指两种或两种以上驱油成分组合起来的驱动。这里讲的驱油成分是指化学驱中的主剂（聚合物、碱、表面活性剂），它们可按不同的方式组成各种复合驱，如碱+聚合物的驱动称为稠化碱驱或碱强化聚合物驱；表面活性剂+聚合物的驱动称为稠化表面活性剂驱或表面活性剂强化聚合物驱；碱+表面活性剂的驱动称为碱强化表面活性剂驱或表面活性剂强化碱驱；碱（A）+表面活性剂（S）+聚合物（P）的驱动称为ASP三元复合驱。可用准三组分相图表示化学驱中各种驱动的组合（图3-1）。

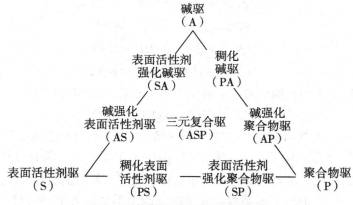

图3-1　化学驱中各种驱动的组合

在图3-1中，三组分相图三个顶点成分的驱动属于单一驱动，三条边上任一点组合成分的驱动属于二元复合驱，图内任一点组合成分的驱动属于三元复合驱。

复合驱通常比单一驱动有更高的采收率。图3-2是碱+聚合物的驱动与单纯碱驱、单纯聚合物驱、先碱驱后聚合物驱和先聚合物驱后碱驱的比较。从图3-2可以看到，碱+聚合物驱的残余油采收率是单纯碱驱的5倍，是单纯聚合物驱的3倍。

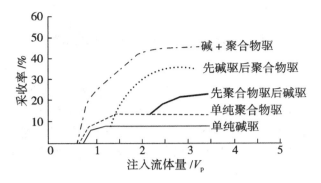

图3-2 驱动方式对比
（原油黏度为180mPa·s，聚合物为PAM，碱为NaSiO₃）

表3-1是用碱+表面活性剂（AS）、碱+聚合物（AP）和碱+表面活性剂+聚合物（ASP）进行驱油试验所得的结果。该试验所用原油黏度为67.0mPa·s，密度为0.92g/cm³，酸值为0.45mg/g。从表3-1可以看到，碱+表面活性剂+聚合物比碱+表面活性剂或碱+聚合物有更好的驱油效果。

表3-1 复合驱效果对比

水驱后的复合驱[①]	AS	AP	ASP
原始含油饱和度 S_{oi} /%	81.9	86.1	76.9
水驱剩余油饱和度 S_{or} /%	50.6	50.9	49.7
复合驱剩余油饱和度 S_{orc} /%	39.2	39.1	22.5
在 S_{or} 条件下油相渗透率 k_o /（$10^{-3}\,\mu m^2$）	754	1124	690
在 $1-S_{oi}$ 条件下水相渗透率 k_w /（$10^{-3}\,\mu m^2$）	29.0	57.7	26.3
水驱采收率/%	38.2	40.9	35.4
复合驱采收率/%	22.5	23.2	54.7

注：①复合配方如下：

$AS: w(Na_2CO_3)=1\%, w\left(R-O-[CH_2CH_2O]_3SO_3Na\right)=0.1\%$;

$AP: w(Na_2CO_3)=1\%, w(HPAM)=0.1\%$;

$ASP: w(Na_2CO_3)=1\%, w\left(R-O-[CH_2CH_2O]_3-SO_3Na\right)=0.1\%, w(HPAM)=0.1\%$

第二节　化学堵水与调剖

油气井出水是油气田开发中后期不可避免的主要问题之一。由于地层渗透率不均，在水驱和聚合物驱过程中，注入地层的水和聚合物溶液常被厚度不大的高渗透层吸收，吸水剖面很不均匀；同时，这些水常沿高渗透层过早侵入油井，致使中低渗透层驱油效果差，油井产液中含水上升过快。

此外，油井出水消耗地层能量，降低抽油井泵效，加剧管线、设备的腐蚀和结垢，增加脱水站的负荷，若不回注则将增加对环境的污染。

目前，油田一般利用堵水调剖技术实现对水窜油水井的治理，该技术可以有效地减小注入水的波及体积，降低含水率，提高产量和采收率，是开发过程中油水井治理的一项关键技术。

一、油井堵水

对已出水的油井要控制出水。一方面，通过从注水井注入调剖剂来封堵高渗透层，减少注入水沿高渗透层突入油井；另一方面，封堵油井的出水层，即有效选择堵水剂来进行油井堵水。

（一）选择性堵水剂

选择性堵水剂适用于不易用封隔器将油层与带封堵水层分隔开时的施工作业，主要利用油水或产油层、水层之间的差异进行封堵。

选择性堵水剂按配制所用的溶剂或分散介质分为水基堵水剂，油基堵水剂和醇基堵水剂。

1.水基堵水剂

水基堵水剂是选择性堵水剂中应用最广、品种最多、成本较低的一类堵水剂，它包括各种水溶性聚合物、泡沫及皂类。其中，最常用的是水溶性聚合物。

（1）烯丙基类聚合物。HPAM（部分水解聚丙烯酰胺）是最常见的水溶性聚合物堵水剂。

HPAM对油和水有明显的选择性，它降低岩石对油的渗透率最高不超过10%，而降低岩石对水的渗透率可超过90%。在油井中，HPAM堵水的选择性表现在：

①优先进入含水饱和度高的地层。

②进入地层的HPAM可通过氢键吸附在由于水冲刷而暴露出来的地层表面。

③HPAM分子中未吸附部分可在水中伸展，降低地层对水的渗透性。

④HPAM可提供一层能减小油流动阻力的水膜。

此外，阴阳非三元共聚物（如部分水解丙烯酰胺–二甲基二烯丙基氯化铵共聚物等）和阳离子聚合物（如丙烯酰胺–丙烯酰胺亚丙基三甲基氯化铵共聚物等）也具有类似堵水机理。

（2）泡沫。以水作分散介质的泡沫可优先进入出水层，并在出水层稳定存在，通过叠加的贾敏效应封堵来水。在油层中，油可乳化在泡沫的分散介质中形成三相泡沫，分散介质中的油珠，引起泡沫的破坏，所以进入油层的泡沫不堵塞油层。因此，泡沫也是一种选择性堵水剂。

泡沫的起泡剂主要是磺酸盐型表面活性剂。为了提高泡沫的稳定性，可在起泡剂中加入稠化剂如钠羧甲基纤维素、聚乙烯醇、聚乙烯吡咯烷酮等。制备泡沫用的气体可以是氮气或二氧化碳，它们可由液态转变而来。例如，向地层注NH_4NO_2或能产生此物质的其他物质，如$NH_4Cl+NaNO_2$或$NH_4NO_3+KNO_2$，用pH控制系统（如$NaOH+CH_3COOCH_3$）使体系先碱后酸，即开始时体系为碱性，抑制氮气产生；氮气也可通过反应产生。当体系进入地层时，pH转变为酸性，即可通过下面的反应产生氮气，在起泡剂溶液中产生泡沫：

$$NH_4NO_2 \longrightarrow N_2 \uparrow + 2H_2O$$

（3）水溶性皂。水溶性皂是指能溶于水中的高碳数有机酸盐，如松香酸、环烷酸钠、脂肪酸钠等。例如，松香酸钠适用于油层水中钙、镁离子质量浓度高（如高于1×10^3mg/L）的油井堵水。油层的油不含钙、镁离子，松香酸钠不堵塞油层。

2.油基堵水剂

（1）有机硅类。适用于选择性堵水的大多为有机硅化合物。烃基卤代甲基硅烷是有机硅化合物中使用最广泛的一种易水解、低黏度的液体。

（2）稠油类。主要包括活性稠油（如环烷酸、胶质、沥青质等）、稠油–固体粉末、耦合稠油、水包稠油等。

（3）油基水泥类。这是水泥在油中的悬浮体。当它进入出水层时，水置换水泥表面的油并与水泥作用，使水泥固化，封堵出水层。水泥表面亲水，所用的水泥为适用于相应井深的油井水泥，所用的油为汽油、煤油、柴油或低黏度原油。此外，还加入表面活性剂（如羧酸盐型表面活性剂、磺酸盐型表面活性剂），以改变悬浮体的流度。

3.醇基堵水剂

松香二聚物的醇溶液是最常见的一种醇基堵水剂。松香可在硫酸作用下进行聚合，生成松香二聚物。

松香二聚物易溶于低分子醇（如甲醇、乙醇、正丙醇等）而难溶于水。松香二聚物的醇溶液与水相遇，水即溶于醇中，减小了低分子醇对松香二聚物的溶解度，使松香二聚物饱和析出。由于松香二聚物软化点较高（至少100℃），所以松香二聚物析出后以固体状态存在，对水层有较高的封堵能力。

在松香二聚物的醇溶液中，松香二聚物的含量为40%~60%（质量分数），含量太高，则黏度太高；含量太低，则堵水效果不好。其用量为每米厚地层1m³左右。

（二）非选择性堵水剂

非选择性堵水剂适用于封堵油气井中单一含水层和高含水层，主要分为五种类型：树脂型堵水剂、沉淀型堵水剂、凝胶型堵水剂、冻胶型堵水剂和分散体型堵水剂。

1.树脂型堵水剂

树脂型堵水剂是由低分子物质通过缩聚反应产生的具有体型结构，不溶、不熔的高分子物质。酚醛树脂、尿醛树脂、环氧树脂等都属于这类堵水剂。树脂液与固化剂（能加速固化的催化剂，如草酸等）混合后挤入地层，在固化剂和温度的作用下，树脂液可在一定时间内转变为具有一定强度的固态树脂，达到堵塞孔隙、封堵水层的目的。树脂堵水剂主要用于封堵高渗透地层，油井底水和窜槽水出砂严重及高温的油井。该技术具有堵水剂易挤入地层、封堵强度大、效果好等特点，但所需费用高，误堵后很难处理，目前应用较少。

2.沉淀型堵水剂

最常用的沉淀型堵水剂为水玻璃-卤水体系。

硅酸钠，分子式为$x\mathrm{Na_2O} \cdot y\mathrm{SiO_2}$，又名水玻璃、泡花碱，是无色、青绿色或棕色的固体或黏稠液体，其物理性质随着成品内氧化钠和二氧化硅的比例不同而不同，是日用化工和化工工业的重要原料。通常将水玻璃中$\mathrm{SiO_2}$与$\mathrm{Na_2O}$的摩尔比称为水玻璃的模数（M）。M通常为2.7~3.3。

卤水体系包括$\mathrm{CaCl_2}$、$\mathrm{FeCl_2}$、$\mathrm{FeCl_3}$、$\mathrm{FeSO_4}$、$\mathrm{Al_2(SO_4)_3}$、甲醛。

一般来说，水玻璃模数增大，沉淀量也增大，而沉淀量越大，堵塞能力就越强。

3.凝胶型堵水剂

凝胶型堵水剂是由溶胶胶凝产生的堵水剂。

最常用的凝胶型堵水剂是硅酸凝胶。当用硅酸凝胶封堵时，可将水玻璃和活化剂混合（将前者加入后者生成酸性硅酸溶胶或将后者加入前者生成碱性硅酸溶胶）后注入地层；也可将它们分为几个段塞，中间以隔离液隔开，交替地注入水层，让它们进入水层一定距离后再混合。水玻璃与活化剂混合后，首先生成硅酸溶胶，随后转变为硅酸凝胶。盐水凝胶是近年来发展的新型凝胶堵水剂，适用于深部地层封堵。它的组成包括羟丙基纤维素（HPC）、十二烷基硫酸钠（SDS）及盐水，三者混合后形成凝胶。其优点是不需加入铬或铝等金属盐作活化剂，而是控制水的含盐度引发胶凝。HPC/SDS的淡水溶液黏度为80mPa·s，当与盐水混合后黏度可达70000mPa·s。该凝胶在砂岩的岩心流动实验中，可使水的渗透率降低95%。施工时不必对油藏进行特殊设计和处理，有效期达半年。当地层中不存在盐水时，几天内就会使其黏度降低。

4.冻胶型堵水剂

冻胶型堵水剂是由高分子溶液经交联反应形成的堵水剂，能被交联的高分子主要有聚丙烯酰胺（PAM）、部分水解聚丙烯酰胺（HPAM）、羧甲基纤维素（CMC）、羟乙基纤维素（HEC）、羟丙基纤维素（HPC）、木质素磺酸钠（Na-Ls）、木质素磺酸钙（Ca-Ls）等。

交联剂多为由高价金属离子形成的多核羟桥络离子（Cr^{3+}、Zr^{4+}、Ti^{3+}、Al^{3+}等）和醛类（甲醛、乙二醛等）。

该类堵水剂很多，诸如铝冻胶、铬冻胶、锆冻胶、钛冻胶及醛冻胶等。

5.分散体型堵水剂

分散型堵水剂主要是固体分散体，用于封堵特高渗透层。例如，黏土/水泥、碳酸钙/水泥和粉煤灰/水泥等固体分散体可用在油井上封堵特高渗透层。

二、注水井调剖

如前所述，注水井调剖技术可以用来控制油井出水。此外，注水井调剖通过对注水油层吸水剖面的调整，可以提高注入水波及系数，更大程度地改善中低渗层的注入水波及效果。

（一）单液法调剖剂

1.硅酸凝胶

硅酸凝胶是一种典型的单液法堵水剂，在处理时将硅酸钠溶液注入地层，经过一定时间，在活化剂的作用下可使水玻璃先变成溶胶而后变成凝胶，将高渗透层堵住。活化剂分为两类。

（1）无机活化剂。如盐酸、硝酸、硫酸、羟基磺酸、碳酸铵、碳酸氢铵、氯化铵、硫酸铵、磷酸二氢钠等。

（2）有机活化剂。如甲酸、乙酸、乙酸铵、甲酸乙酯、乙酸乙酯、氯乙酸、三氯乙酸、草酸、柠檬酸、甲醛、苯酚、邻苯二酚、间苯二酚、对苯二酚、间苯三酚等。

2.无机酸类

（1）硫酸。用硫酸进行调剖的主要反应如下：

$$CaCO_3 + H_2SO_4 \longrightarrow CaSO_4 \downarrow + CO_2 \uparrow + H_2O$$

$$MgCa(CO_3)_2 + 2H_2SO_4 \longrightarrow MgSO_4 \downarrow + CaSO_4 \downarrow + 2CO_2 \uparrow + 2H_2O$$

（2）盐酸–硫酸盐溶液。该体系利用地层中的钙、镁来产生调剖物质。例如，将一种配方为4.5%~12.3%HCl，5.1%~12.5%Na_2SO_4，0.02%~14.5%$(NH_4)_2SO_4$的盐酸–硫酸盐溶液注入含碳酸钙的地层，则可通过下列反应产生沉淀，起调剖作用：

$$CaCO_3 + 2HCl \longrightarrow CaCl_2 + CO_2 \uparrow + H_2O$$

$$CaCl_2 + SO_4^{2-} \longrightarrow CaSO_4 \uparrow + 2Cl^-$$

3.冻胶类

常用的冻胶类调剖剂有锆冻胶、铬冻胶、铝冻胶、酚醛树脂冻胶、聚乙烯亚胺冻胶等。该类堵剂在应用时，是将一定量的聚合物溶液与交联剂混合后注入地层，在地层温度条件下发生交联反应生成冻胶，封堵高渗透层。

例如，锆冻胶是用Zr^{4+}组成的多核羟桥络离子交联溶液中带—COO^-的聚合物（如HPAM）生成的。将w（HPAM）为0.75%的溶液与w（ZrOCl）为1.0%和w（HCl）为5.5%的溶液按体积比100∶4∶3混合，可配得一种在60℃下成冻时间为7h的锆冻胶，用于封堵高渗透层。

4.水膨体

水膨体是一类适当交联遇水膨胀而不溶解的聚合物。例如，在丙烯酰胺聚合过程中加入少量交联剂N，N'-亚甲基双丙烯酰胺，聚合后干燥、磨细，就可得到聚丙烯酰胺水膨体。这种水膨体在水中的膨胀速率和膨胀倍数都很高。

所有适当交联的水溶性聚合物都可制得水膨体。

将水膨体放置在远井地带，有两种方法：一种是选择适当的携带介质如煤油、乙醇和电解质溶液（如氯化钠溶液、氯化铵溶液）等，这些携带介质能抑制水膨体膨胀；另一种是在水膨体外表面覆膜（如覆羟丙基甲基纤维素膜），将这种覆膜的水膨体用水携带进入地层，它在覆膜溶解至可与水相接触时才开始膨胀。用流化床法在水膨体外表面覆膜。

5.冻胶微球

冻胶微球是粒度达到纳米级的冻胶分散体。它可用微乳聚合的方法制得。例如，可将由丙烯酰胺和其他含烯基的单体、N，N'-亚甲基双丙烯酰胺和过硫酸铵配得的水溶液，用高浓度的混合表面活性剂（如Span80+Tween60）制得油外相微乳，水溶液增溶在微乳的胶束中，单体共聚后，即成冻胶微球。使用时，用反相剂（如OP-10等）将油外相的冻胶微球反相分散于水中，注入地层。在地层中，冻胶微球有一定的膨胀倍数，它可在高渗透的通道中通过运移、捕集、变形、再运移、再捕集、再变形的机理，由近及远地起调剖作用。

6.石灰乳

石灰乳是将氧化钙分散在水中配成的。由于氧化钙可与水反应生成氢氧化钙：

$$CaO + H_2O \longrightarrow Ca(OH)_2$$

而氢氧化钙在水中的溶解度很小（在60℃下，100g水能溶解0.116g氧化钙），所以石灰乳是氢氧化钙在水中的悬浮体。

在石灰乳中，$w(CaO)$一般为5%~10%。

7.黏土/水泥分散体

黏土/水泥分散体由黏土与水泥悬浮于水中配成。在黏土/水泥分散体中，$w(黏土)$和$w(水泥)$均为6%~20%。

类似于石灰乳中的氢氧化钙，黏土和水泥也不能进入中、低渗透层，所以对中、低渗透层有保护作用。

如果需要，黏土/水泥分散体产生的封堵可用常规土酸，即$w(HC)$为12%、$w(HF)$为3%的酸除去。

除黏土/水泥分散体外，还可用碳酸钙/水泥分散体和粉煤灰/水泥分散体封堵特高渗透层。

（二）双液法调剖剂

1.沉淀型双液法调剖剂

沉淀型双液法调剖剂是指两种反应液相遇后能形成沉淀的物质。沉淀型调剖剂具有强度大、对剪切稳定、耐温性好、化学稳定性好和成本低廉等优点。在注水井调剖时，常用的第一反应液为硅酸钠或碳酸钠溶液，第二反应液有三氯化铁、氯化钙、硫酸亚铁和氯化镁等的水溶液。

在注入过程中，用隔离液隔开，使其在地层孔道中形成沉淀，对被封堵地层形成物理堵塞，从而封堵地层孔道。由于这两种反应物均系水溶液，且黏度较低，与水相近，因此，能选择性地进入高渗透层，产生更有效的封堵作用，如硅酸钠与氯化钙反应生成凝胶（硅酸钙沉淀）可封堵水流。第一反应液对第二反应液的黏度比越大，指进越容易发生，黏度不高的硅酸钠溶液通常作为第一反应液，用HPAM稠化。

综上所述，作为第一反应液，硅酸钠优于碳酸钠，而在硅酸钠中，应选模数大的，其浓度以20%~25%为好。稠化剂以浓度为0.4%~0.6%的HPAM为佳。第二反应液，以浓度为15%的$CaCl_2$、$MgCl_2 \cdot 6H_2O$为最好。由于$FeSO_4 \cdot 7H_2O$和$FeCl_2$对金属设备和管道有腐蚀性，故不宜使用，或加入适量的缓蚀剂后再用。

2.凝胶型双液法调剖剂

这是指两种工作液相遇后可产生凝胶封堵高渗透层的调剖剂。例如向地层交替注入水玻璃和硫酸铵，中间以隔离液（如水）隔开，当两种工作液在地层相遇时可发生下面的反应，产生凝胶，封堵高渗透层：

$$Na_2O \cdot mSiO_2 + (NH_4)_2 SO_4 + 2H_2O \longrightarrow H_2O \cdot mSiO_2 + Na_2SO_4 + 2NH_4OH$$

3.冻胶型双液法调剖剂

这是指两种工作液相遇后可产生冻胶封堵高渗透层的调剖剂。在两种工作液中，通常一种工作液为聚合物溶液，另一种工作液为交联剂溶液。

4.泡沫型双液法调剖剂

将起泡剂溶于水中，然后与液体二氧化碳交替注入地层，可在地层（主要是高渗透地层）中形成泡沫，产生堵塞。所用的起泡剂包括非离子表面活性剂如聚氧乙烯烷基苯酚、阴离子表面活性剂如烷基芳基磺酸盐和阳离子表面活性剂如烷基三甲基季铵盐。

将起泡剂溶于硅酸溶胶（将硫酸铵加入水玻璃中配成，pH为5~11）中注入地层，然后注入天然气或氮气，则可在地层中先产生以液体为分散介质的泡沫，随后硅酸溶胶胶凝，就可产生以凝胶为分散介质的泡沫。所用的起泡剂为季铵盐表面活性剂。

5.絮凝体型双液法调剖剂

若将黏土悬浮体与HPAM溶液分为几个段塞，中间以隔离液隔开，交替注入地层，它们在地层中相遇会形成絮凝体，这种絮凝体能有效地封堵特高渗透层。

第三节　压裂酸化工作液

一、压裂液体系分类

常用各种类型压裂液体系见表3-2。

表3-2　常用各类压裂液及其应用条件

压裂液基液	压裂液类型	主要成分	应用对象
水基	线型	HPG、TQ、CMC、HEC、PAM	短裂缝、低温
	交联型	交联剂+HPG或HEC	长裂缝、高温
油基	线型	油、稠化油	水敏性地层
	交联型	交联剂+油	水敏性地层、长裂缝
	O/W乳状液	乳化剂+油+水	适用于控制滤失
泡沫基	酸基泡沫	酸+起泡剂+N_2	低压、水敏性地层
	水基泡沫	水+起泡剂+N_2或CO_2	低压地层
	醇基泡沫	甲醇+起泡剂+N_2	低压、存在水锁的地层
醇基	线性体系	胶化水+醇	消除水锁
	交联体系	交联体系+醇	
表面活性剂基	清洁压裂液	黏弹性表面活性剂+盐水	低渗透浅薄油层

注：HPG：羟丙基胍胶；CMC：羧甲基纤维素；HEC：羟乙基纤维素；TQ：田菁胶；PAM：聚丙烯酰胺。

（一）水基压裂液

水基压裂液是以水作溶剂或分散介质，向其中加入稠化剂、添加剂配制而成的。该类压裂液主要使用水溶性聚合物作为稠化剂，这些高分子聚合物在水中溶胀成溶胶，交联后形成黏度极高的冻胶，具有黏度高、悬砂能力强、滤失低、摩阻低等优点。目前，其应用约占压裂施工的70%以上。

水基压裂液的配液过程是：

水+添加剂+稠化剂→溶胶液。

水+添加剂+交联剂→交联液。

溶胶液+交联液→水基冻胶压裂液。

溶胶液：交联液=100：（1~12）。

水基压裂液中使用的稠化剂主要有三种类型：

（1）天然植物胶，如胍胶、香豆胶、田菁胶、槐豆胶、魔芋胶和海藻胶及其衍生物等。

（2）纤维素衍生物，如羧甲基纤维素、羟乙基纤维素、羧甲基–羟乙基纤维素等。

（3）合成聚合物，如聚丙烯酰胺、部分水解聚丙烯酰胺、甲叉基聚丙烯酰胺及羧甲基聚丙烯酰胺等。

胍胶（GG）是一种由甘露糖和半乳糖组成的长链高分子聚合物，原料主要是生长在巴基斯坦和印度的胍胶豆。胍胶粉有15%~18%的不溶残余物，使用时加量为0.4%~0.7%。利用环氧丙烷将胍胶改性为羟丙基胍胶（HPG），可去除聚合物中大量的植物成分，水不溶残余物最小时仅为2%~4%。经过改性的HPG具有残渣低、热稳定性好和耐生物降解性强等优点（表3-3），是目前压裂液稠化剂应用的主要类型。

表3-3 压裂液常用稠化剂的性能

稠化剂	含水量/%	水不溶物含量/%	21%溶液黏度/（mPa·s，30℃、170s）
香豆胶	4.5~9.0	6.0~13.0	160~210
田菁胶	8.0~14.0	20.0~35.0	120~160
胍尔胶（巴基斯坦）	9.5	20.0	309
羟丙基田菁胶	6.0~11.0	7.5~16.0	100~160
羟丙基胍尔胶（国内）	7.0~12.0	8.0~15.0	170~280
羟丙基胍尔胶（美国）	8.2	4.4	297

（二）油基压裂液

油基压裂液是以油作为溶剂或分散介质，与各种添加剂配制成的压裂液。例如将磷酸酯溶解于烃类（柴油或轻质原油），添加少量铝酸盐后，通过 Al^{3+} 的交联作用可形成油基冻胶体系。这类压裂液适用于低压、偏油润湿、强水敏地层，但存在成本高、容易引起火灾、易使作业人员、设备及场地受到油污等缺点。

（三）乳化压裂液

乳化压裂液是在水相和油相中加入具有乳化作用的表面活性剂配制而成的。根据分散介质的不同，分为水包油状压裂液和油包水状压裂液。该类压裂液具有对地层伤害小、成本比油基压裂液低、耐温性差的特点，适用于浅井、低温、低砂比的水敏性地层压裂。

（四）泡沫压裂液

泡沫压裂液是氮气、二氧化碳或空气分散于含起泡剂的水（或油）中的分散体系。其中，起泡剂可用烷基磺酸盐、烷基苯磺酸盐、季铵盐、OP型表面活性剂等，这些表面活性剂的作用是在气、液混合后，使气体成气泡状均匀分散在液体中形成泡沫。在水中，起泡剂的质量分数一般是0.5%~2%。为了加强高温条件下泡沫的稳定性，常需要加入高分子化合物类的泡沫稳定剂。该类压裂液具有悬浮能力高、密度低、摩阻小、滤失量小、含水量相对少、压裂后易排出及对油层污染小等特点，适用于低压、低渗、水敏性地层。

（五）清洁压裂液

清洁压裂液也称为黏弹性表面活性剂压裂液，主要由水、长碳链表面活性剂、水溶性盐和（或）醇配成。

长碳链表面活性剂可采用阳离子型（如烷基季铵盐等）、阴离子型（如烷基硫酸盐、烷基磺酸盐等）、非离子型（如聚氧乙烯聚氧丙烯烷基醇醚等）和两性型的长碳链表面活性剂。

水溶性盐可采用无机盐与有机盐，如氯化钾、氯化镁、氯化铵或水杨酸钠等。

水溶性醇可采用乙醇、异丙醇等。

当长碳链表面活性剂溶于一定浓度的盐和（或）醇溶液中时，盐和（或）醇会促进表面活性剂胶束生长，球形胶束转变为棒状或线状胶束，线状胶束相互缠绕可形成三维空间网状结构，常伴随高黏弹性和其他流变特性出现（如剪切稀释、触变性等）。

此外，VES压裂液在遇到油层烃类物质或地层水稀释条件下，该胶束结构会受到破坏变为表面活性剂单个胶束，且破胶后的水溶液黏度和表面张力低，因而压裂液返排较为彻底。总体来看，清洁压裂液具有配制容易、无残渣、低伤害、剪切稳定等优点。

由于清洁压裂液在储层岩石表面不能形成滤饼，表现为全滤失特征，适合在地层渗透率小于$5 \times 10^{-3} \ \mu m^2$的状况下使用。此外，国内目前开发的黏弹性表面活性剂产品种类有限，在耐温性、成本等方面存在诸多不足，有待进一步深入研究、完善，扩大其应用领域。

（六）清水压裂液

页岩基质渗透率很低（一般小于$1 \times 10^{-3} \ \mu m^2$），因此仅有少数天然裂缝特别发育的页岩气井完钻后可直接投入生产，而90%以上的井需要经过酸化、压裂等储层改造才能获得比较理想的产量。目前，页岩气井水力压裂常用的压裂液类型有清水压裂液、纤维压裂液和清洁压裂液。清水压裂液成本低、地层伤害小，是目前页岩气开发最主要的压裂技术。

清水压裂液，又称减阻水或滑溜水压裂液，其组成以水和砂为主。清水压裂液中98.0%~99.5%是混砂水，添加剂一般占压裂液总体积的0.5%~2.0%，包括降阻剂、表面活性剂、阻垢剂、黏土稳定剂以及杀菌剂等。哈里伯顿公司的Water Frac体系、贝克休斯公司的HydroCare Slickwater4体系（使用温度达150℃）及斯伦贝谢公司的OpenFRAC SW体系都属于清水压裂液。

降阻剂是清水压裂液的核心添加剂，主要解决由于清水压裂施工中要求泵速较大（利用流速携砂）导致的摩阻较大的问题。丙烯酰胺类聚合物、聚氧化乙烯（PEO）、胍胶及其衍生物、纤维素衍生物以及黏弹性表面活性剂等均可作为降阻剂使用。其中，聚丙烯酰胺降阻剂具有成本低、溶解速度快、能够适用于现场施工混配要求等特点，是目前页岩气清水压裂液配方中的主角。

（七）LPG无水压裂液

LPG无水压裂液指以液化石油气（主要成分为丙烷）作为基液，结合专用的稠化剂，稠化后形成LPG凝胶体系。该压裂液体系具有较好的流变及携砂性能，压后无须反排，直接投产。

与传统水基压裂液相比，LPG压裂液不仅具有较好的裂缝形态控制性能和携砂性能，而且兼具无伤害、无水锁、无聚合物残留、无黏土膨胀及压后仅有支撑剂留在地层中的特点，因此能够有效提高储层裂缝导流能力和单井产量，同时能够提高地层内气体的释放效率和压裂增产效果。该压裂液体系适合大部分油气储层，特别是致密易水敏储层。

目前，新型的无水压裂技术还包括氮气无水压裂、液态CO_2无水压裂和液氮无水压裂。为了扩大无水压裂技术在我国非常规油气藏的现场应用规模，尚需要在无水压裂方法选择、无水压裂机理及相关配套设备研发等方面进一步加强研究。

二、压裂液添加剂

为了提高压裂效果，在压裂液中会用许多添加剂，如支撑剂、交联剂、破乳剂、黏土稳定剂、助排剂、防乳化剂、降滤失剂等。

（一）支撑剂

支撑剂是指用压裂液带入裂缝，在压力释放后用于支撑裂缝的物质。好的支撑剂应具有密度低、强度高、化学稳定性好、便宜易得等优点。

支撑剂的粒径一般为0.4~1.2mm。

天然支撑剂有石英砂、铝矾土、氧化铝、锆石和核桃壳等。

高强度的支撑剂有烧结铝矾石（陶粒）、铝合金球和塑料球等。

低密度的支撑剂有微孔烧结铝矾石及核桃壳等。

化学稳定性好的支撑剂一般为树脂（如酚醛树脂）或有机硅覆盖的支撑剂。

在支撑剂中还可混入一定比例的有特殊用途的固体颗粒，如在油井压裂时加入水膨体、防蜡剂、防垢剂、破乳剂、缓蚀剂等；在水井压裂时加入黏土稳定剂、杀菌剂等。压裂后，这些固体颗粒可在采油和注水中起相应的作用。

（二）交联剂

交联剂是能通过交联离子（基团）将溶解于水中的高分子链上的活性基团以化学键连接起来形成三维网状冻胶的化学剂。前面所述的水溶性聚合物稠化剂溶于水后可提高溶液黏度，通常称为线性胶。但是，线性胶增黏所用聚合物浓度较大，且溶液黏度随温度增加而快速下降，在高温深井压裂施工中存在许多应用难题。使用交联剂可以有效降低聚合物使用浓度，明显增加聚合物的有效相对分子质量，提高溶液的黏度，有助于增加原聚合物的温度稳定性。常用的水基压裂液的交联剂见表3-4。

表3-4　交联基团和交联剂

交联基团	稠化剂代号	交联剂	交联条件
—COO⁻	HPAM、CMC	$BaCl_2$、$AlCl_3$、$K_2Cr_2O_7+Na_2SO_3$、$KMnO_4+KI$	酸性交联
邻位顺式羟基	GG	硼砂、硼酸、二硼酸钠、五硼酸钠、有机钛、有机锆	碱性交联
邻位反式羟基	HEC、CMC	醛、二醛	酸性交联
—CONH₂	HPAM、PAM	醛、二醛、Zr^{4+}、Ti^{4+}	酸性交联
CH_2CH_2O	PEO（聚环氧乙烷）	木质素、磺酸钙、酚醛树脂	碱性交联

（三）黏土稳定剂

目前选取最多的有机聚合物类黏土稳定剂有聚季磷酸盐、聚季铵盐和聚季硫酸盐等，以上有机聚合物的分子结构中包含很多阳离子，它们能够有力地吸附在储层黏土的表面，而且有机聚合物的分子量都很大，分子结构中的分子链也很长，所以它们又能很好地大面积吸附。更好的是这些有机聚合物能够特别稳定地附着在黏土上，几乎可以说这种附着是永久的、不可逆的。但是这个优势也对储层的渗透性产生了制约，有机聚合物牢固地附着在黏土表面的同时也对地层中的岩石裂缝带来了封堵，所以在选择有机聚合物类稳定剂的时候要谨慎。

阳离子活性剂类黏土稳定剂能够解离出阳离子，与上面的有机聚合物中的阳离子一样，它们可以稳固地附着在储层中的黏土上，而且附着时间很长。但是与有机聚合物类黏土稳定剂不同的是，有机聚合物类黏土稳定剂不会发生润湿现象，但阳离子活性剂类的黏土稳定剂会发生，当其牢固附着在储层黏土上后，便会使黏土的润湿性改变，从之前的亲水逐渐转换成亲油。因为黏土的润湿性发生了转换，地层水就基本不会与储层黏土结合，更进一步抑制了黏土的膨胀运移，加之阳离子对黏土的吸附能力相当强，一般的离子难与其进行离子交换，所以阳离子活性剂类黏土稳定剂是一种很好的黏土稳定剂。但是阳离子活性剂类黏土稳定剂的这两个优势也会对油气的生产产生一定的制约，这两种情况都会使储层内的油气流动能力降低，所以在选择阳离子活性剂类黏土稳定剂的时候也需要谨慎。

在油田压裂施工作业中大多采用氯化钾作为无机盐类黏土稳定剂，因为钾离子自身独特的构造与地层中蒙脱石石层能够很好地相互结合，使得黏土很难发生膨胀，地层中含有大量的蒙脱石，氯化钾也能够防止其晶格发生膨胀，但是氯化钾这些好的性质持续时间不长，不能够阻碍地层中黏土的运移。

（四）助排剂

在施工作业过程中，当向地层内注入压裂液时，压裂液与原油会产生两相流动，这样就增大了其摩擦阻力，与此同时，还会产生一定程度的毛细管力，使原油的摩擦阻力变得更大，导致在施工作业结束后压裂液的返排有很大的难度，所以一旦两相流动的液体的动力小于地层中的毛细管力，就会发生永久的水锁。根据杨氏方程可以得到，当地层的界面张力和毛细管力成正比，即地层界面张力增大，毛细管力也随之增大，也就意味着压裂液的返排越吃力。综上所述，必须在压裂液中添加助排剂，助排剂能够很大程度地降低压裂液的界面张力，从而大幅度降低地层的毛细管力，最终将破胶后的残留物质彻底返排到地面。

（五）降滤失剂

压裂液分为水基压裂液体系和油机压裂液体系等，而选取在水基压裂液体系中运用的降滤失剂有固态降滤失剂和液态降滤失剂。

固态降滤失剂也并不完全呈固态，它在一定条件下呈颗粒状，固态颗粒有粉状石英砂和粉状陶粒等，这些粉和它改性后的物质、油溶解性树脂和超细碳酸钙等都可以在一定条件下当作固态降滤失剂在实验中运用。固态降滤失剂是通过降滤失剂中的固态颗粒来实现降滤失的，这些固态颗粒最初堆积在储层内部的岩石表面上，这样就能够增大压裂液中的滤液在储层中的流动摩擦阻力，从而使其流动能力大大下降。固态降滤失剂的种类繁多，按照其降滤失的作用高低由小到大排序：无降滤失剂<油溶性树脂<硅粉<聚合物/硅黏土。

液态降滤失剂是通过将其泵入储层内部后，降滤失剂遇到地层水，与地层水发生反应，产生水包油型的乳状液，可想而知，由纯液态变为乳状液，这样就大大降低了压裂液的滤失量，充分的解释是由于水包油乳状液在储层中流动是两相流动，这样就可以提高溶液的流动摩擦阻力，还要在施工压裂液中加入适量的分散剂来稳定降滤失剂，防止降滤失剂从施工压裂液中析出而降低降滤失剂的性能。

（六）温度稳定剂

交联剂和稠化剂是影响压裂液耐温能力的主要因素，由于压裂液中一般都需要加入温度稳定剂以提高其耐温能力，在压裂液中稠化剂的热降解作用是影响压裂液耐温性的主要因素，而水中溶解的氧是导致热降解的关键，硫代硫酸钠和甲醇能够与溶液中的氧发生反应进而除去溶液中的氧，从而降低稠化剂的热降解作用。硫代硫酸钠的价格较低，用量较少，但耐温能力较差，在一定的温度下自身会分解，而甲醇的表面张力较低、易返排，其耐温性也较好，但甲醇有毒，因此配置压裂过程中多有不便，而且价格也比较高。

（七）破乳剂

全部原油中都含有天然活性成分，利于压裂液体系形成油包型乳化液，乳化液中的一部分乳化液滴比孔喉尺寸大，会将孔隙堵塞形成乳堵。而且形成的乳化液会使残液黏度增大，导致排液困难，损害储层的渗透率，导致产能降低。因此，为避免乳化带来的地层伤害，应该防止乳化液生成，且将已生成的乳化液破乳，破乳剂的作用就是防止和破坏因压裂液与地层流体接触形成油包水或者水包油型乳化液，破乳剂在压裂施工过程中的影响，主要是通过其本身的防乳、破乳作用的效果好坏来体现的，破乳时间越短，效率就越高，乳化产生的负面影响就越小。破乳剂应该根据压裂液体系与地层油的配伍性来选择，应该注意以下几点：第一，应防止压裂液中各种添加剂，特别是活性剂物质起乳化作用。第二，应针对所形成的乳化液的类型选择对应的破乳剂，因为有的活性剂针对油包水乳化液是破乳剂，反过来，针对水包油乳化液可能成为乳化剂。所以，现场在选择破乳剂的类型及用量之前必须进行相关室内试验，以此提高防乳破乳效率以及防止产生严重的相反趋势。

第四节　油水井化学防砂

我国疏松砂岩油藏分布范围广、储量大，油气井出砂是这类油藏开采面临的主要问题。出砂会导致油气井停产作业、设备维修等，增加原油生产成本和油田管理难度。防砂是开发易出砂油气藏必不可少的工艺措施之一。防砂方法可分为机械防砂和化学防砂，其中化学防砂对于治理疏松砂岩油井出砂具有独特优势。

一、化学桥接防砂法

化学桥接防砂法是由桥接剂将松散砂粒在它们的接触点处桥接起来，以达到防砂的目的。

桥接剂是指能将松散砂粒在接触点处桥接起来的化学剂。桥接剂分为以下两类：

1.无机阳离子型聚合物

由铝离子和锆离子组成的多核羟桥络离子与相应的阴离子一起分别称为羟基铝、羟基锆，它们是典型的无机阳离子型聚合物，可用作桥接剂。

2.有机阳离子型聚合物

支链上有季铵盐结构的有机阳离子型聚合物［如丙烯酰胺与（2-丙烯酰胺基-2-甲基）丙基三甲基氯化铵共聚物，丙烯酰胺与（2-丙烯酰胺基-2-甲基）丙基亚甲基五甲基双氯化铵共聚物等］是重要的桥接剂。

若将桥接剂配成水溶液，注入出砂层段，关井一定时间，使桥接剂在砂粒间吸附达到平衡，即可达到防砂的目的。

二、化学胶结防砂法

化学胶结防砂法是用胶结剂将松散砂粒在它们的接触点处胶结起来，以达到防砂的目的。

（一）胶结防砂法的步骤

胶结砂层中松散的砂粒，一般要经过下面的步骤：

1.地层预处理

不同目的的预处理用不同的预处理剂：

（1）若要顶替出砂层中的原油，可用盐水。

（2）若要除去砂粒表面的油，可用油溶剂。油溶剂包括液化石油气、汽油和煤油。

（3）若要除去影响胶结剂固化的碳酸盐，可用盐酸。

（4）若要为砂准备一个为胶结剂润湿的表面，可用醇或醇醚，如正己醇和乙二醇丁醚。

2.胶结剂注入

将胶结剂注入松散砂层，与砂接触。为了使胶结剂均匀注入，在注胶结剂前可先注一段塞转向剂，它可减小高渗透层的渗透率，使砂层各处的渗透率拉平，因此胶结剂可均匀地分散进入砂层。例如，异丙醇、柴油和乙基纤维素的混合物就是一种转向剂。

3.增孔液注入

增孔液是将多余胶结剂推至地层深处的液体。要求增孔液不溶解胶结剂，不影响胶结剂固化。

4.胶结剂固化

若固化剂在胶结剂注入时已加入，这一步骤是关井候凝；若固化剂在胶结剂注入时未加入，这一步骤是先注入固化剂再关井候凝。不同的胶结剂用不同的固化剂。

（二）胶结剂

胶结剂是指能将松散砂粒在接触点处胶结起来的化学剂。可用的胶结剂分为以下两类：

1.无机胶结剂

无机胶结剂主要有：

（1）硅酸。依次向砂层注入水玻璃、增孔油和盐酸，即可在砂粒的接触点处产生硅酸，将砂粒胶结起来。

（2）硅酸钙。依次向砂层注入水玻璃、增孔油和氯化钙，即可在砂粒的接触点处产生硅酸钙，将砂粒胶结起来。

2.有机胶结剂

有机胶结剂主要有：

（1）冻胶型胶结剂。在地层温度下有一定成冻时间的冻胶，可用于松散砂层的胶结。铬冻胶属于这类冻胶。当用铬冻胶胶结松散砂层时，可先将交联剂（如乙酸铬）加入聚丙烯酰胺溶液中，然后注入松散砂层，再用增孔油（如煤油、柴油）增孔，关井一定时间，待冻胶成冻后，即可将松散砂粒胶结住。在地层温度下立即成冻的冻胶也可用于松散砂层的胶结。锆冻胶属于这类冻胶。当用它胶结松散砂层时，可先将聚丙烯酰胺溶液注入松散砂层，然后注入增孔油，再注入交联剂（如氧氯化锆）溶液，使存留在砂粒接触点处的聚丙烯胺交联成冻胶，将松散的砂粒胶结起来。因此，各种冻胶都可用作胶结剂。

（2）树脂型胶结剂。重要的树脂型胶结剂包括酚醛树脂、脲醛树脂、环氧树脂和呋喃树脂。最常见的树脂型胶结剂为酚醛树脂。酚醛树脂有两种使用形式：一种是地面预缩聚好的热固性酚醛树脂，这种树脂用 w（HCl）为10%的盐酸作固化剂，盐酸是在注入树脂并增孔后再注入地层的；另一种是地下合成的酚醛树脂，这种树脂用氯化亚锡作固化剂，因为氯化亚锡可水解慢慢生成盐酸，使酚醛树脂慢慢固化，所以氯化亚锡可与苯酚、甲醛一起注入地层后再增孔。在地下合成的酚醛树脂中，苯酚、甲醛和氯化亚锡的质量比为1：2：0.24。由于这种形式的酚醛树脂需在地下进行缩聚，因此只适用于温度不低于60℃的砂层。脲醛树脂和环氧树脂主要用预缩聚好的树脂。前者类似酚醛树脂，固化剂（如盐酸、草酸等）在注入树脂并增孔后注入地层；后者的交联剂（如乙二胺、邻苯二甲酸酐等）则在注入前加到树脂中。呋喃树脂是一种含呋喃环的树脂，糠醇树脂属于呋喃树脂，它由糠醇缩聚而成，是热固性树脂。使用时将它注入地层，经增孔后注入固化剂（如盐酸）使其固化。糠醇树脂耐温、耐酸、耐碱、耐盐、耐有机溶剂，是一种较好的胶结剂。

上述树脂型胶结剂可用耦合剂加强它们与砂粒表面的结合。γ-氨基丙基三乙氧基甲硅烷是一种典型的耦合剂，它可水解产生甲硅醇，甲硅醇还可缩合脱水产生聚甲硅醇，聚甲硅醇的羟基部分可通过氢键与砂粒表面的羟基结合，其余部分与树脂型胶结剂结合，从而提高胶结剂的胶结效果。

（3）聚氨基甲酸酯型胶结剂。可用前面讲到的选择性堵水剂聚氨基甲酸酯作胶结剂，使用时，先用水冲洗砂层，再用油增孔，然后注入聚氨基甲酸酯油溶液。由于砂粒接触点处的水可引发聚氨基甲酸酯的一系列反应，使其固化，从而将松散的砂粒胶结起来。

（4）焦炭型胶结剂。为了在砂粒间用焦炭胶结，可向砂层注入稠油（胶质、沥青质含量高的油），用水增孔，然后用下列方法之一处理稠油：①加热砂层，使稠油中的轻组分蒸发出来，留下胶质、沥青质，继续加热，直至胶质、沥青质部分炭化，将松散的砂粒胶结起来。②通入溶剂（如三氯乙烷），使稠油中的沥青质沉淀下来，再加热，使它部分炭化，将松散的砂粒胶结起来。③通入热空气，既使稠油中的轻组分蒸发和胶质、沥青质部分炭化，又使稠油中的胶质、沥青质氧化，提高胶结强度，将松散的砂粒胶结起来。

第四章　集输化学技术

集输化学研究的是用化学方法解决原油集输过程中遇到的问题，如埋地管道的腐蚀与防腐，乳化原油的破乳与起泡沫原油的消泡，原油的降凝输送与减阻输送，天然气的脱水和脱酸性气体，油田污水的除油、除氧、除固体悬浮物、防垢、缓蚀和杀菌等。

第一节　油田管道防垢除垢技术

随着油田三次采油技术的研究开发，三元复合驱技术得到广泛应用，采收率明显提高，但使管道产生的结垢现象不容忽视。垢样以质地坚硬的硅酸盐垢为主，处理难度大，严重影响油田的正常生产运作，因此，防垢技术成为油田地面工程的重点研究方向。目前，国内外对油田垢的防治方法有很多种，主要分为物理方法、化学方法和工艺方法。物理方法的防垢机理是应用某些物理仪器或者设备的功能来抑制垢的形成，如电子防垢、超声波防垢、磁防垢、塑料涂层防垢；化学方法的防垢机理是应用特定的化学防垢剂的某些特性阻止垢的生成，如注入酸或注入二氧化碳防止碱性垢的生成、加入防垢剂防止结垢；工艺方法的防垢机理则是改变或控制某些作业的工艺条件以破坏或减少垢的生成机会。

目前，在油田管道防垢除垢处理中比较常用的是化学方法。这种能抑制或防止水垢形成的化学药剂叫防垢剂。常用的防垢剂有无机磷酸盐、有机磷酸盐、有机磷酸和聚合物等。

一、防垢剂EAS的合成及其性能研究

聚环氧琥珀酸（PESA）是目前国内外公认的一种绿色水处理剂，具有整合多价金属阳离子的性能，是一种有效的螯合剂。PESA对钙、镁、铁等

离子的螯合能力强，阻垢性能优异，并具有较强的缓蚀作用，可解决高碱高固水质的阻垢问题。以聚环氧琥珀酸的单体环氧琥珀酸钠为基础，引入羧酸、酰胺、磺酸基团，合成聚合物防垢剂，尚未见报道。笔者以环氧琥珀酸钠（ESAS）、丙烯酰胺（AM）、烯丙基磺酸钠（SAS）为单体，过硫酸铵为引发剂，合成了EAS三元共聚物防垢剂。通过红外光谱对共聚物结构表征，并通过正交实验研究其最佳合成条件。实验结果表明：共聚温度为90℃，共聚时间为3.5h，引发剂用量为单体总质量的12.5%，单体配比 n（ESAS）：n（AM）：n（SAS）=1.2：0.6：1为最佳合成条件；合成产物对碳酸钙垢具有较好的防垢性能，防垢率为88.07%。

（一）实验

1.试剂及仪器

马来酸酐（MA）：分析纯，中国医药公司北京采购供应站；AM：分析纯，天津市福晨化学试剂厂；SAS：分析纯，淄博骏升化工产品销售有限公司；钨酸钠：分析纯，天津市瑞金特化学品有限公司；氢氧化钠、乙醇、过硫酸铵、过氧化氢：分析纯，沈阳市华东试剂厂。

恒温干燥箱：202型，上海胜启仪器仪表有限公司；数显恒温水浴锅：HH-S26s型，江苏省金坛区大地自动化仪器厂；增力电动搅拌器：DJ1C型，江苏省金坛区大地自动化仪器厂；恒温磁力搅拌器：HWCB-2型，温州市医疗仪器厂；光栅分光光度计：721型，上海浦东物理光学仪器厂；电子天平：FA-N/JA-N系列，上海民桥精密科学仪器有限公司；可控调温电热套：KDM型，山东鄄城华鲁电热仪器有限公司。

2.ESAS 的合成

在装有冷凝管、温度计的四颈烧瓶中，加入0.1mol（9.8g）马来酸酐、25mL乙醇水溶液[（V（乙醇）：V（水）=3：1]，不断搅拌下缓慢滴加氢氧化钠（0.5mol）乙醇水溶液15mL，确保马来酸酐全部碱性水解成马来酸盐，另加入1.0mmol钨酸钠结晶体（0.3g），缓慢加热至50℃，滴加0.55mol w（H_2O_2）= 30%水溶液（11.2mL），用 c（NaOH）=7mol/L的氢氧化钠溶液调节反应液pH，控制反应温度不超过65℃，反应3h后将反应溶液冷却至4℃，产物析出，抽滤，用40mL乙醇水溶液洗涤，将产物置于真空干燥器中。

3.防垢剂EAS的制备

将一定量的蒸馏水、环氧琥珀酸钠、丙烯酰胺加入四口烧瓶中，搅拌，用c（NaOH）=7mol/L调节溶液pH=4~5，加入烯丙基磺酸钠、过氧化氢加热，80℃时滴入引发剂过硫酸铵，搅拌升温至90℃，保持此温度进行反应共聚，所得产物为共聚物EAS。用乙醇稀释反应溶液，过强酸性离子交换柱，接收溶液减压蒸干，真空干燥得共聚物EAS。

4.防垢剂EAS的性能测定

（1）防垢剂EAS水溶解性和固含量的测定。配制质量分数为1%的防垢剂EAS溶液，置于25℃恒温水浴加热10min，取出测定其水溶解性。将混合均匀的试样置于恒温干燥箱内，在120℃下烘干8h，移至干燥器内，冷却30min至室温，计算w（固）。

（2）防垢剂EAS的碳酸钙防垢率的测定。移取一定量Ca^{2+}浓度为250mg/L（以$CaCO_3$计）的水样，加入药剂恒温，冷却后取一定量试样用EDTA滴定，Ca^{2+}的测定采用GB 1574—2007中的方法，计算防垢率。

（二）结果与分析

1.防垢剂EAS合成工艺条件的确定

在共聚反应中影响共聚物防垢率的因素较多，为了寻求最佳反应条件，采用正交法进行筛选，即把共聚温度（A）、共聚时间（B）、m（引发剂）：m（总单体）（C）及单体配比（D）作为可变因素进行考察。每个因素取3个水平，以合成产物防碳酸钙垢的能力为实验指标，选择L_9（3^4）正交表进行实验。所设计的因素及水平表见表4-1，所设计的正交实验方案及结果见表4-2。由表4-2可知，各因素对共聚物防碳酸钙垢性能的影响程度由大到小依次为：C、D、A、B。引发剂用量对防垢剂防垢率的影响比较大。根据K值的大小可知最佳合成工艺条件为$A_3B_2C_3D_3$。在此条件下进行了验证性实验，防碳酸钙垢率分别为87.95%、88.15%、88.10%，平均防垢率为88.07%。

表4-1　EAS合成影响因素及水平

水平	A	B	C	D
	共聚温度/℃	共聚时间/h	m（引发剂）：m（总单体）/%	n（ESAS）：n（AM）：n（SAS）
1	80	3	7.5	1.2∶1∶1
2	85	3.5	10	0.8∶0.6∶1
3	06	4	12.5	1.2∶0.6∶1

表4-2　正交实验方案及结果

序号	A	B	C	D	防垢率/%
1	1	1	1	1	73.35
2	1	2	2	2	75.12
3	1	3	3	3	79.32
4	2	1	2	3	78.25
5	2	2	3	1	80.95
6	2	3	1	2	75.46
7	3	1	3	2	82.23
8	3	2	1	3	81.56
9	3	3	2	1	74.24
平均防垢率 K_1/%	75.93	77.94	76.79	76.18	—
平均防垢率 K_2/%	78.22	79.21	75.87	77.60	—
平均防垢率 K_3/%	79.34	76.34	80.83	79.71	—
极差 R/%	3.41	2.87	4.96	3.53	—

2.单因素实验

（1）共聚温度对防垢率的影响。在化学反应中，温度是一个影响反应效果的重要因素，不仅影响反应速度，也影响反应的转化率以及产物的类型，对共聚反应的各个指标（反应速率、产物收率等）有重大影响，同时也决定了共聚物的防垢率。在不同共聚温度下合成的防垢剂对碳酸钙垢的防垢效果见图4-1。

由图4-1可知，在共聚温度为70~90℃范围内，随着温度的升高，防垢剂对碳酸钙防垢率的影响逐渐增加。这说明共聚反应温度越高，共聚物的防垢效果越好。

（2）共聚时间对碳酸钙防垢率的影响。在化学反应中，反应时间决定了反应进行的程度。而在不同的反应中，反应时间的增加所产生的影响也不尽相同，有可能促进反应的进行，也有可能阻碍反应的进行。该实验中，在不同共聚时间内，所合成的EAS对碳酸钙垢的防垢率见图4-2。

由图4-2可知，在不同的共聚时间下，随着共聚时间的增加，防垢剂对碳酸钙垢的防垢率先增加后降低，在3.5h达到较佳。这是因为随着反应的进行，防垢剂的产率逐渐增加，共聚物EAS的官能团如羧基等发生进一步反应影响了防垢效果。

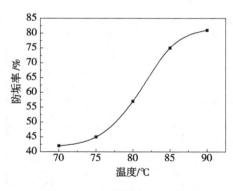

图4-1　不同共聚温度时的防垢率

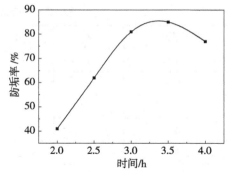

图4-2　不同共聚时间时的防垢率

（3）m（引发剂）：m（总单体）对碳酸钙防垢率的影响。不同的m（引发剂）：m（总单体）对防垢率的影响见图4-3。

由图4-3可知，随着引发剂用量的增加，防垢剂对碳酸钙垢的防垢效果变好，m（引发剂）：m（总单体）=12.5%时，防垢率最高；再增加到一定程度的时候，防垢率不再增加。这是因为在相同的条件下，随着引发剂用量比例的增加，会促进反应的进行，达到一定比例后，便对反应不产生影响了。

（4）单体配比对碳酸钙防垢率的影响。单体配比不仅对原料转化率有影响，而且通常影响共聚反应的最终产物，从而达不到预期目标。根据参考文献，设定不同单体配比 n（ESAS）：n（AM）：n（SAS）。不同单体配比下合成的防垢剂对碳酸钙垢防垢率的影响见图4-4。

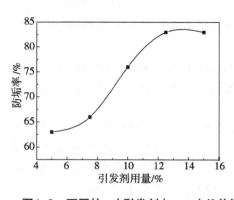

图4-3　不同的m（引发剂）：m（总单体）

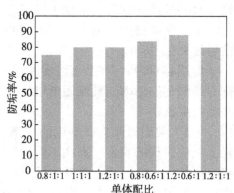

图4-4　不同单体配比时的防垢剂
对防垢率的影响

由图4-4可知，单体配比不同对防垢剂的防垢效果有一定的影响，当环氧琥珀酸钠的比例增加，同时丙烯酰胺的比例有所下降时，防垢剂对碳酸钙垢防垢率的影响增加。这是由于羧基比例增大，有利于整合作用的发挥。

3.防垢剂EAS的性能评定

EAS的性能评定主要是对其 w（固）、水溶解性的测定。在自然光下观察，烧杯内测定条件下的EAS液体澄清，液面上无漂浮物且底部无沉积物，判定试样为溶解状态。测定 w（EAS固）=45.56%。

4.防垢剂EAS的结构分析

利用红外光谱仪对合成的防垢剂进行结构分析。防垢剂的红外谱图见图4-5。

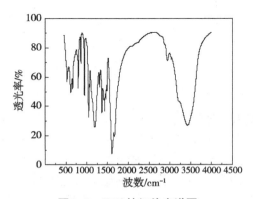

图4-5　EAS的红外光谱图

由图4-5可知，红外光谱中1669.95cm^{-1}处的强吸收峰为羧基中C=O，3426.42cm^{-1}处的化合物类型为羧基中羟基（—OH），说明聚合物分子中存在羧基（—COOH）。1192.36cm^{-1}处的强吸收峰为磺酸基伸缩振动，说明EAS分子中存在磺酸基结构。3426.75cm^{-1}处的吸收峰的化合物类型为N—H，1405.36cm^{-1}处的吸收峰的化合物类型为C—N。合成的产物分子中含有磺酸基、羧基、酰胺基的特征吸收峰，可以推断合成的产品是三元共聚物EAS。

5. ρ（防垢剂）对碳酸钙防垢率的影响

在温度为70℃、pH=12时，应用碳酸钙防垢率的测定方法，测定EAS不同加量时的碳酸钙防垢率，结果见图4-6。

由图4-6可知，当ρ（防垢剂）=2~7mg/L时，碳酸钙防垢率随防垢剂加量的增加而增大。当ρ（防垢剂）=7mg/L时，防垢率接近90%。该防垢剂中同时含有磺酸、羧酸基团对难溶盐微晶的活性部分有较强的吸附作用，从而抑制碳酸钙晶体产生。防垢剂的活性基团—COOH和—SO$_3$H可以与水中的钙离子螯合，并在水垢生成过程中吸附于水垢结晶表面，一方面使微晶带同种电荷而互相排斥，阻止晶核的形成、降低晶体的增长速率；另一方面使微晶不能形成正常的水垢晶体而发生畸变，从而阻止水垢生成。

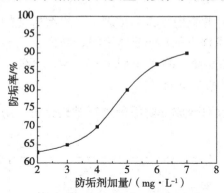

图4-6 不同加量防垢剂的防垢率

6.防垢剂EAS的防垢机理

对未加防垢剂和加防垢剂处理后碳酸钙垢样用扫描电镜进行观察，见图4-7。碳酸钙垢的扫描电镜表明，未加共聚物防垢剂的垢微观形貌呈细小的颗粒和棒状的结晶状态，并紧密交织在一起，颗粒粒度在十几微米以下。该颗粒是由过饱和的钙离子生成的结晶核心和固相晶胚，它们之间相互聚集交织形成垢，这种垢细密均匀、不易溶解。加入共聚物防垢剂后，垢的微观垢层较疏松、颗粒和棒状结晶尺寸变大，同时结晶数目减少，说明共聚物防垢剂对碳酸钙垢有较好的防垢作用。EAS高分子聚合物分子吸附在成垢物微粒表面时，增加了微粒所带的负电荷数量，而且松弛的聚合物分子结构也阻止微粒互相接近、聚集、长大，使结垢微粒能够较长时间地保持分散的悬浮状态，不易沉积。EAS高分子聚合物防垢剂由于分子中引入了有效活性基团，从而使它们对垢物有良好的防垢性能。防垢剂EAS分子中既有弱极性羧酸基团又有强极性磺酸基团，能够稳定金属离子，对钙垢的形成具有良好的抑制效果。羧酸基团通过螯合作用能够与钙离子、镁离子等形成螯合物与络合物，具有增溶的效果。羧酸根负离子能够与垢物表面的正电荷作用，吸附在固体表面，增加垢物微晶之间斥力，而干扰无机盐垢的晶格正常生长，抑制垢物的沉积。磺酸基团属于亲水性基团，酸性较羧酸基团强，将其引入防垢剂EAS中能够有效地防止由于弱亲水性共聚物与水中离子反应生成难溶性的钙凝胶，从而达到较好的防垢效果。强酸基团磺酸基酸性较强，保持轻微的离子特性，从而促进溶解；而弱酸基团对活性部位有较强的约束能力，抑制结晶生长。防垢剂EAS为水溶性高分子聚合物，作为油田用防垢分散剂有良好的应用前景。

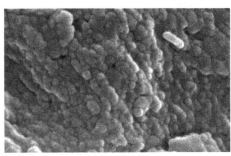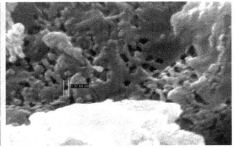

图4-7 碳酸钙垢的扫描电镜图

二、防垢剂PASP的合成及其性能评价

三元复合驱是从化学驱中脱颖而出的一种新的强化采油技术，是高含水油田后期进一步提高采收率的重要手段。一般为了提高原油采收率会大量使用碱，这将导致驱替剂三元液在油藏环境和采出系统中结垢严重，影响油井的正常生产，使检泵周期大幅缩短，在油田开采过程中防垢剂发挥着重要的作用。聚天冬氨酸（PASP）是国际上正在兴起的绿色阻垢剂，具有优异的阻垢分散性和良好的可生物降解性，是公认的绿色聚合物和水处理剂的更新换代产品。由于PASP具有优异的阻垢效果和环境相容性，其在油田中有很大的应用、发展空间。

笔者以马来酸酐、碳酸铵为原料，合成了聚天冬氨酸防垢剂。通过正交实验确定了聚天冬氨酸（PASP）的最佳合成工艺条件，并对其进行了性能评价。

（一）实验

1.实验试剂与仪器

实验试剂：中国医药公司北京采购供应站提供的马来酸酐，沈阳市华东试剂厂生产的碳酸铵、乙二胺四乙酸二钠（EDTA）、氯化镁（$MgCl_2 \cdot 6H_2O$）、无水氯化钙、氢氧化钠、碳酸氢钠和碳酸钠，天津市耀华试剂化工厂生产的氯化钠，天津市北方天医化学试剂厂生产的无水硫酸钠，天津市永大化学试剂开发中心生产的钙羧酸。以上所有试剂均为分析纯。

实验用仪器：上海胜启仪器仪表有限公司生产的202型恒温干燥箱，江苏省金坛区大地自动化仪器厂生产的HH-S26型数显恒温水浴锅，江苏省金坛区大地自动化仪器厂生产的DJIC增力电动搅拌器，温州市医疗仪器厂生产的HWCB-2型恒温磁力搅拌器，上海浦东物理光学仪器厂生产的721光栅分光光度计，天津市拓谱仪器有限公司生产的FT-R傅立叶红外光谱仪，上海民桥精密科学仪器有限公司生产的FA-N/JA-N系列电子天平。

2.聚天冬氨酸的合成

称取一定量的碳酸铵和马来酸酐放入一定温度的烘箱中经过一定时间后取出，得到聚琥珀酰亚胺。用2mol/L的NaOH溶液调pH，在50℃水浴中水解1h，所得的深红棕色溶液就是聚天冬氨酸钠盐溶液。向上述溶液中加入盐酸将其调至中性，加入适量乙醇，析出的红棕色液体即聚天冬氨酸。然后过滤、干燥，备用。

3.聚天冬氨酸的性能评价

（1）聚天冬氨酸水溶解性的测定。配制质量浓度为1%的三元共聚物溶液，将其置于转速为300r/min的磁力搅拌器上，搅拌5min。在恒温水浴中控温25℃、加热10min，取出于自然光下观察。

（2）聚天冬氨酸固含量的测定。将混合均匀的试样置于恒温干燥箱中，在120℃下烘干8h，移至干燥器内，冷却30min至室温，计算其固含量：

$$\omega = (m_3 - m_1) / (m_2 - m_1)$$

式中，ω为试样的固含量，m_1为干燥烧杯的质量，m_2为干燥前样品和烧杯的质量，m_3为干燥后样品和烧杯的质量。

（3）聚天冬氨酸的碳酸钙防垢率的测定。防垢率的测定采用EDTA滴定法。将聚天冬氨酸防垢剂加入含有一定量钙离子和碳酸氢根的配制水样中，于一定温度下在恒温水浴中恒温一定时间，取出并冷却至室温后过滤。取一定滤液，用EDTA标准溶液滴定。防垢剂的防垢率为：

$$E_f = (V_1 - V_0) / (V - V_0)$$

式中，E_f为防垢剂的防垢率；V_1为加入防垢剂时样品消耗的EDTA体积；V_0为空白样品消耗的EDTA体积；V为含一定钙离子样品消耗的EDTA体积。

（二）结果与分析

1.合成工艺条件的确定

考察pH（A）、碳酸铵与马来酸酐的物质的量比（B）、聚合温度（C）和聚合时间（D）4个因素对聚天冬氨酸防碳酸钙垢性能的影响差异，确定为每个因素取3个水平。以聚天冬氨酸防碳酸钙垢的能力为指标，选择$L_9(3^4)$正交表进行实验。所设计的因素及水平见表4-3，所设计的正交实验方案与结果见表4-4。

表4-3 聚天冬氨酸合成影响因素及水平

水平	pH	碳酸铵与马来酸酐物质的量比	聚合温度/℃	聚合时间/min
1	10	1.1 : 1	160	60
2	11	1.2 : 1	170	90
3	12	1.3 : 1	180	120

表4-4 正交实验方案及结果

实验次数	水平				防垢率/%
	A	B	C	D	
第1次	1	1	1	1	36.86
第2次	1	2	2	2	89.14
第3次	1	3	3	3	88.86
第4次	2	2	1	3	63.50
第5次	2	3	2	1	78.65
第6次	2	1	3	2	74.23
第7次	3	3	1	2	85.73
第8次	3	1	2	3	93.21
第9次	3	2	3	1	94.84

各因素对合成产物防碳酸钙垢性能的影响程度由极差 R 决定，根据表4-4列出的实验方案可知，4个因素的极差分别为：19.13、16.31、24.97、12.92，由此，各因素对合成产物防碳酸钙垢性能的影响程度由大到小依次为：聚合温度（C）、pH（A）、碳酸铵与马来酸酐的物质的量比（B）、聚合时间（D）。各因素在不同水平下的平均防垢率也不同，因素A（pH）为：72.29%、72.13%、91.26%；因素B（碳酸铵与马来酸酐的物质的量比）为：68.10%、82.49%、84.41%；因素C（聚合温度）为：62.03%、87.00%、85.98%；因素D（聚合时间）为：70.11%、83.03%、81.86%。由此可知，聚天冬氨酸的最佳合成工艺条件为 $A_3B_3C_2D_2$。在该条件下进行验证性实验，可得防碳酸钙垢率分别为95.06%、95.34%、95.42%，平均防垢率为95.27%。

2.聚天冬氨酸性能评价

（1）聚天冬氨酸的水溶解性、固含量质量分数、碳酸钙防垢率的测定。在自然光下观察，烧杯内测定条件下的聚天冬氨酸液体澄清透明，液面上无漂浮物且烧杯底部无沉积物，判定试样为溶解状态。测定聚天冬氨酸固含量质量分数为55.56%。在温度70℃、pH=12、防垢剂加量为3mg/L时，测定碳酸钙防垢率为95.20%。

（2）聚天冬氨酸的红外分析。利用红外光谱对合成的防垢剂进行结构分析，PASP的红外谱图如图4-8所示。由图4-8可知，各特征吸收波数分别为3456.22cm⁻¹、1587.74cm⁻¹、1669.88cm⁻¹、1402.58cm⁻¹、1313.54cm⁻¹。产物在1587cm⁻¹附近是酰胺基的吸收峰；在1600cm⁻¹附近的峰是酰胺基中的羰基的特征峰；3456cm⁻¹出现的二级酰胺中的N—H键的伸缩吸收峰，说明聚合物中含大量的二级酰胺键；在1400cm⁻¹附近的二重峰是羧酸根的反对称伸缩吸收峰和对称伸缩吸收峰；对照文献可以推断合成的产品是聚天冬氨酸。

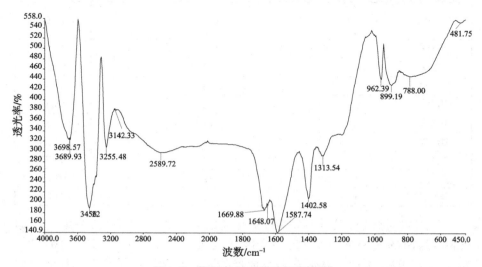

图4-8　聚天冬氨酸的红外光谱图

3.聚天冬氨酸的碳酸钙防垢率影响因素

（1）防垢剂加量对碳酸钙防垢率的影响。防垢剂在溶液中通过螯合、分散及晶格畸变等作用防止垢的形成和沉积。通常情况下，防垢剂有一个最佳浓度，低于或高于该浓度时阻垢效果均会降低，这种奇特的效应称为溶限效应。

在温度为70℃、pH=12、其他条件固定不变时，应用防垢剂的碳酸钙防垢率测定方法，测定聚天冬氨酸不同质量浓度时的碳酸钙防垢率结果如图4-9所示。由图可知，防垢剂加量在2~7mg/L范围内，碳酸钙防垢率随防垢剂加量的增加先增大后减小，防垢剂加量为5mg/L时，碳酸钙防垢率最高。

（2）体系pH对碳酸钙防垢率的影响。在防垢剂加量5mg/L、温度70℃、其他条件和测定方法同上的体系条件下，进一步研究了体系pH对聚天冬氨酸碳酸钙防垢率的影响。当pH在7~12范围内时，测定聚天冬氨酸碳酸钙防垢率结果如图4-10所示。由图4-10可知，碳酸钙防垢率随体系pH的增大而增大。由于PASP溶于水后发生电离,生成带负电的分子链,随着pH的增加,PASP在水中的离解作用增强,分子链上的电荷密度增大,有利于吸附在以离子键结合的CaCO₃微晶上,从而抑制碳酸钙晶体的进一步增长,使防垢率提高。

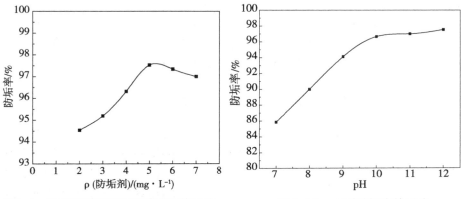

图4-9　不同防垢剂加量对防垢率的影响　　图4-10　pH对防垢率的影响

（3）温度对碳酸钙防垢率的影响。温度可以改变易结垢盐类的溶解度,随着温度的升高,CaCO₃的溶解度降低,逐渐析出而结垢。同时,温度升高还会使Ca（HCO₃）₂分解产生CaCO₃而结垢,该反应为吸热反应,温度升高,平衡向右移动,有利于CaCO₃的析出,从而溶液中Ca²⁺浓度减小。在防垢剂加量5mg/L、pH=12、其他条件和测定方法同上时,测定温度范围为50~90℃时的聚天冬氨酸对碳酸钙防垢率的影响如图4-11所示。由图4-11可知,当温度控制在50~90℃范围内时,聚天冬氨酸的碳酸钙防垢率随着温度的升高有所降低,但防垢率都在90%以上,说明聚天冬氨酸的耐温性较好。

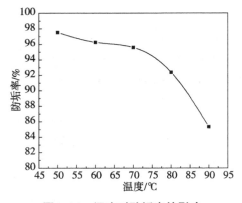

图4-11　温度对防垢率的影响

聚天冬氨酸的最佳合成工艺条件是pH=12，碳酸铵与马来酸酐的物质的量比为1.3：1，聚合温度为170℃，聚合时间为90min；聚天冬氨酸的质量浓度为1%时，液体澄清透明，液面上无漂浮物且烧杯底部无沉积物，聚天冬氨酸溶于水，固含量为55.56%；在防垢剂加量为2~7mg/L时，防垢率随防垢剂加量的增加先增大后减小，防垢剂加量为5mg/L时防垢率最高，为97.53%；在pH为7~12时，聚天冬氨酸防垢率随着体系pH的增大而增大；在体系温度为50~90℃时，聚天冬氨酸防垢率随着体系温度升高而有所降低，但防垢率均高于80%，说明聚天冬氨酸具有较好的耐温性。

三、共聚物硅垢防垢剂的合成及性能研究

近年来三元复合驱采油技术已经逐渐发展起来，与常规技术相比，原油采收率提高相对较明显，能够取得较为明显的增油降水效果。但三元液中的碱成分易与岩石矿物发生溶蚀作用，直接或间接改变体系温度和pH等，并在油藏环境与注采系统设备内产生严重结垢现象，垢样中以硅酸盐垢占主体，硬度大、难处理，其危害性将导致油气通道堵塞、腐蚀，甚至发生管道爆炸，严重影响油田的正常生产运作，并使三元复合驱采油技术的应用受到限制。如果在油田注采液内添加适量的硅垢防垢剂，可削弱或避免结垢现象，解决油田生产的实际问题，目前已有少量硅垢防垢剂的研究报道。

笔者选取乌头酸、二乙醇胺、柠檬酸和丙烯酰胺为单体，合成同时具有酰胺基、羧基以及醇羟基等多种官能团的共聚物防垢剂，发挥分子中各功能基团良好的协同防垢作用。同时，该共聚物防垢剂具有良好的可生物降解性，对生态环境影响小，符合"绿色化工"的基本理念。

（一）实验

1.共聚物防垢剂ADCA的合成与结构表征

首先根据文献合成乌头酸（AA）：将定量的柠檬酸（CA）和硫酸加入装有温度计和搅拌器的四口烧瓶内，搅拌加热至完全熔化，一定温度下恒温反应1.5h，冷却至室温，产物备用。利用液相色谱测定其收率为81.3%。

向装有滴液漏斗、回流冷凝器的四口烧瓶加入50%乙醇和合成的乌头酸反应液，通入氮气，于60℃水浴锅内恒温加热并搅拌至完全水解，温度调至75℃，分别加入定量二乙醇胺（DEA）、柠檬酸、丙烯酰胺（AM）以及异丙醇，搅拌均匀后，缓慢滴加定量过硫酸铵，聚合2h后冷却至室温，用甲醇沉淀提纯产物数次，抽滤后干燥得白色粉末状的合成共聚产物

ADCA。主要反应有：

$$n \begin{matrix} HC{-}COOH \\ \parallel \\ C{-}COOH \\ | \\ H_2C{-}COOH \end{matrix} + m \begin{matrix} CONH_2 \\ | \\ H_2C{=}CH \end{matrix} + \rho \begin{matrix} H_2C{-}COOH \\ | \\ HO{-}C{-}COOH \\ | \\ H_2C{-}COOH \end{matrix} + n \begin{matrix} H_2C{-}CH_2OH \\ | \\ NH \\ | \\ H_2C{-}CH_2OH \end{matrix}$$

$$\longrightarrow \left[H_2C{-}CH \right]_m \left[\begin{matrix} CH_2COOH \\ | \\ C{-}CH \\ | \\ C{=}O \\ | \\ N(CH_2CH_2OH)_2 \end{matrix} \right]_n \left[\begin{matrix} O \\ \parallel \\ C{-}CH_2{-}C{-}O \\ | \\ CH_2COOH \end{matrix} \right]_\rho$$

在通入氮气的反应条件下，可能存在其他反应：

$$\begin{matrix} CHCOOH \\ \parallel \\ C{-}COOH \\ | \\ CH_2COOH \end{matrix} + NH(CH_2CH_2OH)_2 \longrightarrow \begin{matrix} CHCOOCH_2CH_2NHCH_2CH_2OH \\ \parallel \\ C{-}COOCH_2CH_2NHCH_2CH_2OH \\ | \\ CH_2COOCH_2CH_2NHCH_2CH_2OH \end{matrix}$$

$$\begin{matrix} CH_2COOH \\ | \\ OH{-}C{-}COOH \\ | \\ CH_2COOH \end{matrix} + NH(CH_2CH_2OH)_2 \longrightarrow \begin{matrix} CH_2COOCH_2CH_2NHCH_2CH_2OH \\ | \\ HO{-}C{-}COOCH_2CH_2NHCH_2CH_2OH \\ | \\ CH_2COOCH_2CH_2NHCH_2CH_2OH \end{matrix}$$

　　氮气条件可避免酯类物质氧化以及其他副反应，大大减少了合成防垢剂的副产物，因此，副反应主要为酯化反应，而酯类物质及合成单体均易溶于甲醇溶液，共聚物溶解度却甚小，因此，可利用甲醇沉淀提纯法对合成产物进行纯化。提纯率为78.95%，提纯后的ADCA为水溶性四元共聚物。

　　将KBr与少量烘干后的共聚物粉末研磨制片，用红外光谱仪对共聚物进行结构表征测定，结果如图4-12所示。由图可知，3440cm^{-1}处的特征吸收峰归属于酰胺基中N—H和羟基的伸缩振动峰；2934cm^{-1}为—CH和—CH$_2$伸缩振动峰；3000~2500cm^{-1}处有一个强的宽吸收带峰且1725cm^{-1}处出现特征

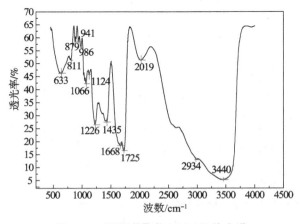

图4-12　四元共聚物ADCA红外光谱

吸收峰为羧基中的—OH的伸缩振动峰；2019cm^{-1}为C—C伸缩振动峰；1668cm^{-1}处的特征吸收峰是—C＝O的伸缩振动吸收峰；在1435cm^{-1}附近出现—CH$_2$的弯曲、剪切振动吸收峰；1226cm^{-1}出现C—N的伸缩振动峰；1124~500cm^{-1}附近出现C—O等键的伸缩振动峰。由以上分析可以推断出产物为含有羧基、酰胺基以及醇羟基等官能团的共聚物。在1745~1720cm^{-1}（酯羧基特征吸收峰）和1200~1100cm^{-1}（C—O—C特征吸收峰）两处没有明显的特征吸收峰，说明提纯后的产物中大部分副产物已去除。

2.共聚物ADCA的防垢性能评价

于500mL的烧杯中配置500mg/L（以SiO$_2$计）的Na$_2$SiO$_3$溶液，加入适量CaCl$_2$、MgCl$_2$固体，以及一定量硅垢防垢剂ADCA。用盐酸和氢氧化钠调节溶液pH至7左右，用水浴锅恒温50℃加热，10h后取出，用0.45μm微滤膜进行抽滤，烘干后得其垢样。类似方法得到无防垢剂的垢样。将加入防垢剂前后的垢样进行X射线衍射（XRD）、傅里叶变换红外光谱（FT-IR）及扫描电镜（SEM）对比分析，同时测定添加防垢剂前后两种溶液中硅离子的浓度变化，分析硅垢共聚物防垢剂ADCA的防垢机理。采用硅铝蓝法测定共聚物对硅垢的防垢效果并计算其防垢率。

（二）结果与讨论

1.共聚物ADCA合成工艺条件的确定

为了合成得到性能较好的硅垢共聚物防垢剂，在pH为8、温度70℃、防垢剂添加量100mg/L的条件下，以聚合温度、聚合时间、引发剂用量及单体摩尔配比为实验因素，以防垢率为实验指标，考察各聚合条件对合成得到的共聚物防硅垢性能的影响，结果见图4-13~图4-16。

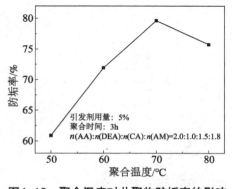

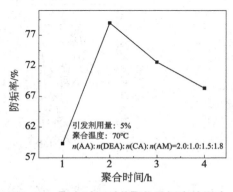

图4-13　聚合温度对共聚物防垢率的影响　图4-14　聚合时间对共聚物防垢率的影响

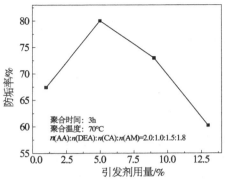

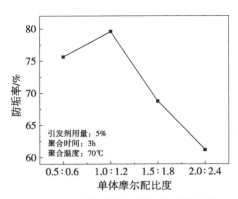

图4-15　引发剂用量对聚合物防垢率的影响　　图4-16　单体摩尔配比度对聚合物
防垢率的影响

由图4-13可知，随着聚合温度的升高，合成得到的ADCA防垢率先增后减。这是因为反应活性随聚合温度升高而增大，目标产量随之增加，防垢效果增强；当聚合温度高于临界值后，引发剂自由基引发体系的引发速率变快（半衰期变短），使聚合物前期爆聚影响产物结构或聚合后期反应速率下降，导致在相同聚合时间内得到的目标产物数量减少，防垢率下降。图4-14为聚合时间对所合成ADCA防垢率的影响。聚合时间的增加，将引发越来越多的反应物生成目标产物，防垢率随之大幅升高；但当超过临界聚合时间后，聚合过程中将生成部分副产物，降低了防垢率。由图4-15可知，引发剂用量对聚合物的防垢性能有较大的影响。因为产物分子量受引发剂用量影响，过低的分子量不能称为高聚物，过高的分子量共聚物可能有自身缠绕现象发生，导致分子体积变大，对晶体垢的分散能力和对金属阳离子的整合作用造成影响，最终防垢率下降。图4-16为单体摩尔配比对防垢率的影响。单体用量可直接或间接影响聚合物中各官能团之间的协同作用，进而影响防垢率的高低。由此可见，聚合温度、聚合时间、引发剂用量及单体配比对所合成聚合物防垢剂ADCA防垢性能均有影响，存在较佳的实验条件，应考察其综合合成条件下得到的ADCA性能。

在同上条件下，以聚合温度（A）、聚合时间（B）、引发剂用量（C）及单体摩尔配比（D）为实验因素，以硅垢防垢率为实验指标，选择$L_9(3^4)$正交表进行实验。正交实验结果见表4-5。

由表4-5可知，各因素对防垢剂的防垢性能影响程度由大到小依次为：C>B>D>A，即引发剂用量>聚合时间>单位配比>聚合温度。最佳合成工艺条件：聚合温度75℃，聚合时间2h，引发剂用量5%，单体摩尔配比AA：DEA：CA：AM为2.0：1.0：1.0：1.2。在此条件下进行验证性实验，测得对硅垢的防垢率分别为73.68%、73.69%、73.64%，平均防垢率为

73.67%。

表4-5 正交实验结果

序号	A/℃	B/h	C/%	D	防垢率/%
1	65	1.0	1	2.0 : 10 : 0.8 : 0.9	67.27
2	65	2.0	3	2.0 : 1.0 : 1.0 : 1.2	71.87
3	65	3.0	5	2.0 : 1.0 : 12 : 1.5	73.54
4	70	1.0	3	2.0 : 10 : 1.2 : 1.5	61.56
5	70	2.0	5	2.0 : 1.0 : 0.8 : 0.9	73.47
6	70	3.0	1	2.0 : 1.0 : 1.0 : 1.2	72.31
7	75	1.0	5	2.0 : 1.0 : 1.0 : 1.2	73.39
8	75	2.0	1	2.0 : 1.0 : 1.2 : 1.5	70.98
9	75	3.0	3	2.0 : 1.0 : 0.8 : 0.9	69.87
K_1/%	70.89	67.41	70.19	72.50	—
K_2/%	69.11	72.11	67.77	72.52	—
K_3/%	71.41	71.91	73.47	68.69	—
R/%	2.30	4.50	5.70	3.83	—

2.共聚物ADCA的防垢性能

（1）影响共聚物ADCA硅垢防垢率的因素。在温度60℃、ADCA加入量100mg/L的条件下，体系pH对ADCA防垢率的影响见图4-17。由图可知，随着体系pH的增大，共聚物防垢剂的防垢率具有逐渐下降的趋势。pH为7~8时防垢率可达75%以上，此时防垢效果良好；pH为9~11时防垢率不足60%，防垢效果大大减弱，说明此防垢剂不适用于强碱体系。

体系pH为8、ADCA加入量100mg/L的条件下，体系温度对防垢率影响见图4-18。由图可知，随着体系温度的上升，共聚物防垢剂的防垢率同样出现逐渐降低的趋势，但体系温度为50~70℃时，防垢率保持相对较大值，当体系温度高于70℃后，防垢率出现大幅度降低的趋势，说明此防垢剂的防垢效果受温度影响较大，耐温性较弱。

体系pH为8、温度60℃的条件下，ADCA浓度对防垢率的影响见图4-19。由图可知，当共聚物防垢剂的浓度为40~70mg/L时，硅垢防垢率随用量增加变化趋势明显上升；当防垢剂添加量超过70mg/L时，防垢率略微下降，这是由于防垢剂的"溶限效应"，所以ADCA浓度为70mg/L时防垢效果较佳。

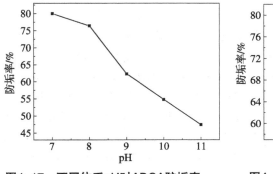

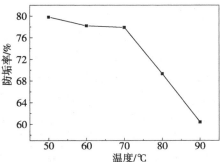

图4-17　不同体系pH时ADCA防垢率　　图4-18　不同体系温度下ADCA防垢率

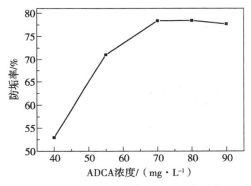

图4-19　ADCA浓度对防垢率的影响

在pH为8、温度60℃、ADCA浓度70mg/L时，测得对硅垢的防垢率分别为77.79%、77.81%、77.92%，平均防垢率为77.84%。

（2）共聚物ADCA与其他硅垢防垢剂性能比较。在相同实验条件下（pH为8、T为60℃、加药量均为70mg/L），共聚物ADCA硅垢防垢剂与现今市面上已有防垢剂的性能比较结果见表4-6。由表4-6可知，市面已有的三种防垢剂对硅垢的防垢率均达到85%以上，而防垢剂ADCA却不足80%。但是，共聚物ADCA较其他防垢剂的优势在于：合成所需原料普遍且价格低廉，合成流程简单且成本低，同时，防垢剂对水质的污染较小，适合应用于三元复合驱油管道阻垢。

表4-6　ADCA与其他市售硅垢防垢剂性能比较

硅垢防垢剂	MSI300	PC191	JC-A13	ADCA
防垢率/%	88.76	87.31	85.94	77.84

3.共聚物ADCA的防垢机理分析

（1）垢样的X射线衍射分析。图4-20为硅酸垢及加入防垢剂后垢样的XRD对比。由图可知，曲线a中硅酸垢样整体出现多处尖峰，利用Jade软件分析，结果主要为Ca_2SiO_4、$Ca_{14}Mg_2（SiO_4）_8$、Mg_2Si、$CaSi_2$、$Ca_6Si_6O_{17}（OH）_2$等多种物质的混合态，且整体峰形较聚集，说明此时垢样主要以晶体为主；而曲线b在28°（2θ）左右出现了大幅度的衍射峰，整体无尖峰出现，峰形较弥散，说明加入防垢剂后，硅酸垢主要以无定形结构存在。由此推断，在反应过程中，防垢剂ADCA分子能够阻碍硅酸垢离子转化生成规则的晶体，而使硅酸垢以无定形态存在于溶液中，且这种无定形态易被水流冲刷掉，最终达到防垢效果。

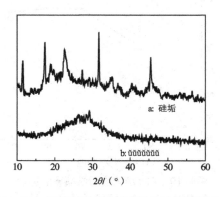

图4-20　硅酸垢及加入防垢剂后垢样的XRD

（2）垢样的红外光谱分析。图4-21为硅酸垢、防垢剂ADCA以及防垢剂ADCA+硅酸垢的红外光谱。由图中曲线a可知，硅酸垢在1080cm^{-1}、800cm^{-1}、462cm^{-1}附近出现的特征吸收峰分别为Si—O—Si键的反对称伸缩振动吸收峰、Si—O—Si键的对称伸缩振动吸收峰以及Si—O键的弯曲振动吸收峰。

对比曲线b、c可知，曲线b中的特征吸收峰几乎同样出现在曲线c中，且曲线c比曲线b中多出1082cm^{-1}、800cm^{-1}、464cm^{-1}附近的3处特征吸收峰（Si—O—Si键的反对称伸缩振动吸收峰、Si—O—Si键的对称伸缩振动吸收峰以及Si—O键的弯曲振动吸收峰），说明防垢剂ADCA与硅酸垢离子反应后，分子结构基本未发生变化。此外，曲线c中3440cm^{-1}与1720cm^{-1}两处特征吸收峰对应的酰胺基中—NH_2键和羧基键，较曲线b中上述两处吸收峰强度相对减弱，且1082cm^{-1}对应的硅氧特征吸收峰强度也相对减弱，说明防垢剂中酰胺基同羧基与硅酸垢分子结合，其协同作用破坏了Si—O键，使硅垢的结垢能力减弱，从而发挥防垢剂的防垢作用。

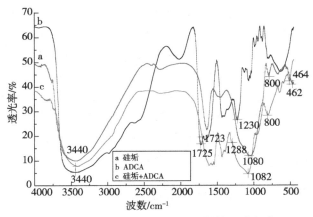

图4-21　防垢剂ADCA及垢样的红外光谱

（3）垢样的扫描电镜分析。加入ADCA防垢剂前后垢样的扫描电镜结果见图4-22和图4-23。由图4-22可知，未加防垢剂的垢体排列致密，晶粒尺寸比较小，晶粒之间交织成团且凹凸不平。由图4-23可知，添加防垢剂后的垢体晶粒数目变少且尺寸变大，晶粒之间出现空隙，无规则排列。这是由于防垢剂ADCA吸附于硅酸垢的表面，进而改变硅酸垢的结构。

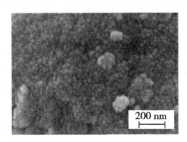 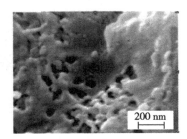

图 4-22　未添加防垢剂的垢样扫描电镜　　图 4-23　添加防垢剂的垢样扫描电镜

（4）添加防垢剂前后溶液中硅离子的浓度变化。表4-7为添加防垢剂前后溶液中硅离子的浓度变化数据。由表4-7明显看出添加防垢剂溶液中的硅离子浓度高于空白实验，由于共聚物防垢剂ADCA与溶液中的钙离子和镁离子发生了整合作用，阻碍硅酸根同金属离子的结合，从而减少了硅酸垢量，同时使溶液中的硅含量升高。

表4-7　添加防垢剂前后溶液中硅离子浓度变化

序号	1	2	3	平均值/（mg·L^{-1}）
未添加防垢剂溶液中硅离子的浓度/（mg·L^{-1}）	0.620	0.649	0.604	0.624
添加防垢剂溶液中硅离子的浓度/（mg·L^{-1}）	1.400	0.986	1.225	1.204

综合上述分析结果，推断硅垢防垢剂ADCA的防垢机理为吸附作用和整合作用。吸附作用：防垢剂ADCA共聚物分子链中有大量亲核基团，如酰胺基、羟基等，它们形成的氢键、偶极键或静电键作用与硅酸垢分子中Si—O键发生吸附反应。同时，羧基与胺基协同作用破坏Si—O键，使硅酸垢转化成絮状物，从而达到防硅垢效果。整合作用：防垢剂ADCA共聚物大分子与溶液中钙、镁离子发生整合作用，阻碍其形成硅酸垢晶体，使晶格生长扭曲，表面出现孔洞，发生晶格畸变，最终无法生长成规则的晶体，这种作用使垢体中晶格的黏合力下降，容易被水流冲走。

四、硅垢防垢剂ACAA的制备及性能研究

为了有效提高原油的采收率，使用碱、表面活性剂和聚合物的复合三元驱油体系正日益受到世界各大油田的关注。三元复合驱油体系中由于富含碱性成分，注入地层后会溶蚀地层矿物，一定条件下岩矿和地层溶液发生多种反应生成硅酸盐。硅酸盐垢不仅堵塞油层孔隙、降低原油采收率，其随采出液被携带出地层后，还会导致某些地面系统出现严重的结垢现象，给油田生产操作带来安全隐患和经济损失。应用化学防垢剂是解决这一问题较为经济有效的方法，目前已有少量硅垢防垢剂的研究报道。硅垢防垢剂根据聚合成分主要分为含羧基、磷、磺酸等的聚合物防垢剂。多种功能的化学基团并存于同一共聚物分子中，发挥协同效应成为防垢剂的研究热点。近年来，随着结垢物组成成分日趋复杂，防垢也变得更加困难。研制高效绿色环保型防垢剂，加强其作用机理的研究，对促进三元复合驱防垢技术的发展、保障油田生产的正常进行具有积极意义。

本小节以乌头酸、柠檬酸、丙烯酸、2-丙烯酰胺-2-甲基丙磺酸为单体，合成同时具有羧基、酰胺基、羰基等多种官能团的共聚物防垢剂ACAA，研究了ACAA的防硅垢性能与影响因素，并分析了ACAA的防垢机理。

（一）实验

1.材料与仪器

乌头酸（AA），实验室自制；柠檬酸（CA），分析纯，汕头市迅能贸易有限公司；2-丙烯酰胺-2-甲基丙磺酸（AMPS），分析纯，山东邹平市东方化工有限公司；丙烯酸（AC），分析纯，徐州索通生物科技有限公司；引发剂过硫酸铵，分析纯，廊坊鹏彩精细化工有限公司；甲醇、无水乙醇、盐酸、硅酸钠、碳酸氢钠、氯化钙和氯化镁，分析纯，沈阳华东试

剂厂；0.45μm微滤膜，北京碧水源科技股份有限公司。

UV-2401型紫外分光光度计，日本岛津公司；MB154S型傅里叶红外光谱仪，加拿大Bomem公司；D8ADVANCE型X射线衍射仪（XRD），德国Bruker公司；LEO-1530VP型扫描电子显微镜（SEM），德国Leo公司；HWCB-2型磁力搅拌器，上海圣科仪器设备有限公司；DJIC型电动搅拌器，江苏省金坛区大地自动化仪器厂；HH-S2s型数显恒温水浴锅，广州长诺节能设备有限公司；202型恒温干燥箱，上海胜启仪器仪表有限公司。

2.实验方法

（1）共聚物ACAA的制备与结构表征。向装有回流冷凝器、滴液漏斗的四口烧瓶加入50%乙醇和定量的AA，置于50℃恒温水浴锅内，用转速为800r/min的电动搅拌器均匀搅拌，待AA完全水解后将温度升至70℃，依次加入CA、AMPS、AC，搅拌均匀后缓慢滴入过硫酸铵，聚合3h，经甲醇提纯后最终得到淡黄色黏稠状共聚产物ACAA。将KBr与少量烘干后的ACAA研磨制片，用红外光谱仪进行结构表征。

（2）共聚物ACAA的性能评价。

①ACAA的水溶性测定。于200mL烧杯中配制质量分数为1%的共聚物防垢剂水溶液，室温下用转速为300r/min的磁力搅拌器搅拌5min后，静置于25℃恒温水浴锅内10min，取出烧杯于自然光下观察。

②ACAA的固含量测定。分别将加入10mL ACAA前后的干燥烧杯质量记为 m_1、m_2，将装有ACAA的烧杯在120℃烘箱中干燥30min后称量（m_3），按下式计算共聚物的固含量 S。

$$S = \frac{m_3 - m_1}{m_2 - m_1} \times 100\%$$

（3）ACAA对硅垢防垢率的测定及防垢机理分析。配制1000mg/L（以 SiO_2 计）的 Na_2SiO_3 溶液，加入适量 $CaCl_2$、$MgCl_2$、$NaHCO_3$ 固体及ACAA。用体积比为1∶1的盐酸溶液调节溶液pH约为7，于水浴锅恒温（60℃）加热8h后取出，用微滤膜抽滤后烘干，同时做不加ACAA的空白实验，其他步骤相同。将加入ACAA前后的垢样进行XRD、SEM对比分析，探讨防垢剂ACAA的防垢机理；取滤液采用硅钼蓝法测定ACAA对硅垢的防垢效果并计算防垢率，分别讨论温度、pH和ACAA加量对防垢效果的影响。

（二）结果与分析

1.共聚物ACAA合成工艺条件的确定

（1）单因素实验。在pH=8、温度60℃、ACAA加量100mg/L的测定条件下，以聚合温度、聚合时间、引发剂用量及单体配比为变量，防垢率为考察指标，研究各聚合条件对共聚物防硅垢性能的影响。分别在固定聚合温度70℃、聚合时间3h、引发剂用量15%、单体摩尔比n（AA）：n（CA）：n（AC）：n（AMPS）为2.0：1.5：1.0：0.8的条件下，改变其他变量进行单因素实验，结果见表4-8。由表4-8可知，随着聚合温度的升高和聚合时间的延长，硅垢防垢剂ACAA的防垢率先增加后降低；引发剂用量占单体总质量的5%~15%时，防垢率逐渐上升，引发剂量多于15%后，防垢率降低；随单体配比的增加，ACAA对硅垢的防垢率先增加后降低。单体用量可直接或间接影响聚合物中各官能团之间的协同作用，进而影响防垢率的高低。由此可见，聚合温度、聚合时间、引发剂用量及单体配比对聚合物防垢性能均有一定影响，应综合考察合成的最佳条件。

表4-8　单因素实验防垢率测定结果

聚合温度/℃	50	60	70	80
防垢率/%	75.58	84.87	87.12	83.93
聚合时间/h	2	3	4	5
防垢率/%	72.54	83.93	80.84	78.61
引发剂加量/%	5	10	15	20
防垢率/%	70.06	75.67	83.93	73.98
单体摩尔比	2.0：0.5：1.0：0.4	2.0：1.0：1.0：0.6	2.0：1.5：10：0.8	2.0：2.0：1.0：1.0
防垢率/%	69.82	77.61	83.93	82.60

（2）正交实验。以聚合温度（A）、聚合时间（B）、引发剂用量（C）及单体摩尔配比（D）为实验因素，硅垢防垢率为考察指标，选择L_9（3^4）正交表进行四因素三水平实验，结果见表4-9。四种因素对ACAA防垢性能的影响程度由大到小依次为：C>B>A>D，即单体配比>聚合时间>聚合温度>引发剂用量。最佳合成条件为：聚合温度70℃、聚合时间3h、引发剂加量15%、单体配比n（AA）：n（CA）：n（AC）：n（AMPS）=2.0：1.5：1.0：0.8。于自然光下观察合成产物水溶液为澄清透明，液面无悬浮物且杯底无沉淀，测得固含量为58.19%。在最佳条件下进行三组验证

性实验，测得产物对硅垢的防垢率分别为75.26%、73.75%、76.14%，平均防垢率为75.05%。

表4-9　四因素三水平正交实验设计及结果分析

实验编号	A/℃	B/h	C	D/%	防垢率/%
1	65	2.0	2.0∶1.2∶1.0∶0.7	9	65.02
2	65	3.0	2.0∶1.5∶1.0∶0.8	12	71.38
3	65	4.0	2.0∶1.8∶1.0∶0.9	15	69.05
4	70	2.0	2.0∶1.8∶1.0∶0.9	12	72.54
5	70	3.0	2.0∶1.2∶1.0∶0.7	15	70.96
6	70	4.0	2.0∶1.5∶1.0∶0.8	9	69.58
7	75	2.0	2.0∶1.5∶1.0∶0.8	15	66.76
8	75	3.0	2.0∶1.8∶1.0∶0.9	9	69.68
9	75	4.0	2.0∶1.2∶1.0∶0.7	12	71.36
K_1/%	68.11	68.48	68.09	69.11	—
K_2/%	70.67	71.03	71.76	69.24	—
K_3/%	70.00	69.27	68.92	70.42	—
极差R/%	2.55	2.56	3.67	1.31	—

2.共聚物ACAA的结构表征

由共聚物ACAA的红外光谱（图4-24）可知，3440cm^{-1}处的特征吸收峰为酰胺（—NH—）和—OH的伸缩振动峰；2619cm^{-1}处为羧基中—OH的伸缩振动吸收峰；1634cm^{-1}处为—C＝O的伸缩振动吸收峰；在1404cm^{-1}附近出现碳氢的弯曲振动吸收峰；1223cm^{-1}附近出现C—N键伸缩振动峰。由此可以推断产物含有羧基、羰基、酰胺基等官能团，推测其化学结构式见下式。

3.共聚物ACAA的防硅垢性能与影响因素

在pH=8、ACAA加量为100mg/L的条件下，测量温度对ACAA防垢率的影响见图4-25。ACAA的防垢效果受温度影响较大，耐温性较差。随体系温度的升高，防垢剂ACAA的防垢率整体呈现逐渐降低的趋势。温度在

093

50~55℃时，防垢率逐渐升高，但温度高于55℃后，防垢率降低。这是由于温度过高时，防垢剂在垢晶表面的吸附作用较弱，防垢率下降。

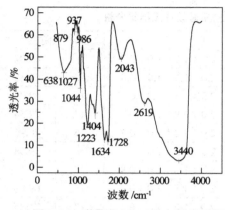 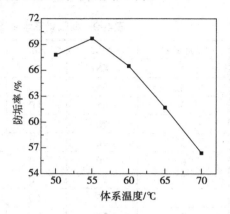

图4-24　共聚物ACAA的红外光谱图　　图4-25　温度对ACAA防垢率的影响

在温度为60℃、ACAA加量为100mg/L的条件下，体系pH对ACAA防垢率的影响见图4-26。防垢率随着体系pH的增大而逐渐降低。pH=7~8时，防垢率可达66%以上，防垢效果良好且较稳定；pH=9~11时，防垢率均在55%以下，防垢效果大大减弱，可见ACAA不适用于强碱体系。

在pH=8、温度为60℃的条件下，ACAA加量对防垢率的影响见图4-27。ACAA加量由50mg/L增至60mg/L时，防垢率迅速上升；加量超过60mg/L时，防垢率增幅变小。同时考虑防垢效果和节约原材料两方面因素，ACAA适宜的加量为80mg/L。在温度55℃、pH=8、ACAA加量80mg/L时，三次平行实验测得ACAA对硅垢的防垢率分别为75.79%、76.51%、76.39%，平均防垢率为76.23%。

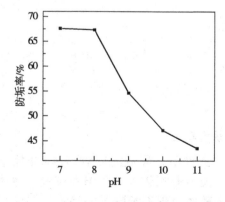 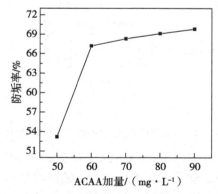

图4-26　pH对ACAA防垢率的影响　　图4-27　ACAA加量对防垢率的影响

4.共聚物ACAA的防垢机理分析

（1）ACAA对硅酸垢结构的影响。加入防垢剂前后硅酸垢样的XRD图谱见图4-28。硅酸垢样出现多处尖峰，主要为Ca_2SiO_4、$Ca_{14}Mg(SiO_4)_8$、Mg_2Si、$CaSi_2$、$Ca_6Si_6O_{17}(OH)_2$等多种物质的混合态，峰形较聚集，垢样为晶体；加入ACAA后的硅酸垢样在28°（2θ）左右出现了较宽的衍射峰，整体无尖峰出现，峰形较弥散，说明加入防垢剂后，硅酸垢主要以无定形结构存在。由此推断，防垢剂ACAA分子能阻碍硅酸垢离子转化生成规则的晶体，使硅酸垢以无定形态存在于溶液中而不易形成沉淀，通过延缓和抑制垢体的形成，阻碍晶体生长的正常过程，起到防垢作用。

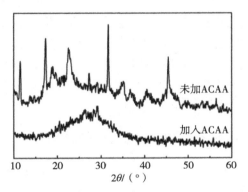

图4-28　添加ACAA前后形成硅酸垢样的XRD图谱

（2）垢样扫描电镜分析。由加入ACAA前后的硅酸垢扫描电镜图（图4-29）可见，未添加ACAA的垢样晶粒之间紧密交织成团且表面凹凸不平，垢质细密均匀不易溶解。加入ACAA垢晶粒尺寸变小，晶粒之间出现空隙，排列无规则，易松动。

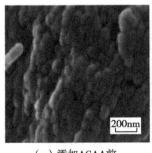
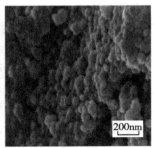

（a）添加ACAA前　　　　　　（b）添加ACAA后

图4-29　添加ACAA前后形成垢样的扫描电镜照片

未添加ACAA的垢样晶粒生长排列紧密，添加ACAA的垢样晶粒生长疏松有空洞，说明ACAA改变了垢晶的排列顺序，使垢晶无法正常凝结沉积。ACAA分子中含有的大量羧基和羰基等官能团吸附在垢晶表面，各功能基团并存且发挥协同阻垢作用，改变垢层的排列顺序。同时，防垢剂大分子在水中发生电离，吸附在成垢微晶表面的阴离子形成的双电层会转移成垢粒子，使成垢颗粒无法发生碰撞聚集，沉淀物量减少。

综合上述分析结果，推断防垢剂ACAA的防垢机理主要为吸附和分散作用。①吸附作用：垢的形成从微晶开始，成长过程按照一定的晶格排列，因此结晶结构致密而坚硬。加入的防垢剂ACAA分子链中有大量亲核基团，如酰胺基、羧基、羰基等，能吸附在晶体表面，进而掺杂在晶格的点阵中，对无机垢结晶的成长产生干扰，使晶体的晶格发生畸变，晶体在外力作用下容易破裂，妨碍了垢的正常生长。②分散作用：大分子聚合物在水中电离出的阴离子与成垢晶粒间发生物理化学吸附，阻碍成垢离子与基团相互凝结，减少成垢粒子与接触面的接触机会。因此，成垢晶粒被均匀分散于水中，无法聚集成沉淀物。

五、硅垢防垢剂ITSA的合成及性能研究

笔者以衣康酸（IA）、三乙醇胺（TEA）、烯丙基磺酸钠（SAS）、丙烯酰胺（AM）为单体合成含多官能团的四元共聚物防垢剂（简称ITSA），使多种功能基团并存于同一分子中，从而发挥官能团的协同防垢作用。聚合物作为防垢剂不仅防垢效果较好，而且对环境污染小，符合"绿色化工"理念。

（一）实验

1.试剂与仪器

IA、过硫酸铵：分析纯，沈阳市东华试剂厂；TEA：分析纯，天津市耀华化工厂；SAS、AM：分析纯，天津市福晨化学试剂厂。

FA-N/JA-N系列电子天平：上海民桥精密科学仪器有限公司；HH-S26S数显恒温水浴锅、DJIC增力电动搅拌器：江苏省金坛区大地自动化仪器厂；HWCB2型恒温磁力搅拌器：温州市医疗仪器厂；202型恒温干燥箱：上海胜启仪器仪表有限公司；721型分光光度计：上海浦东物理光学仪器厂；MB154S傅里叶红外光谱仪：天津港东科技发展股份有限公司；Zeiss扫描电镜：德国卡尔蔡司公司；三口烧瓶：天津玻璃仪器厂。

2.四元共聚物ITSA的合成

将体积分数为70%的乙醇溶液和定量的IA加入三口烧瓶中，置于65℃恒温水浴锅中搅拌均匀，待完全水解后依次加入定量的TEA、SAS、AM并搅拌均匀，待三口烧瓶中温度升至65℃后，滴加引发剂过硫酸铵。在65℃下聚合，聚合时间3h，最终得黄色黏稠状的四元共聚物硅垢防垢剂ITSA。

3.四元共聚物ITSA的性能评价

（1）ITSA的水溶解性测定。量取定量的四元共聚物和去离子水，并混合于烧杯中配制成质量分数为1%的水溶液，将其置于25℃恒温磁力搅拌器中搅拌10min后，取出烧杯并在自然光下观察。

（2）ITSA的固含量测定。称量干燥烧杯的质量，此时数值记为m_1，向烧杯中加入10mL四元共聚物，总质量记为m_2，将其置于50℃恒温干燥箱内，干燥至恒重，取出冷却至室温，总质量记为m_3。计算四元共聚物的固含量S。

$$S = \frac{m_3 - m_1}{m_2 - m_1} \times 100\%$$

（3）ITSA对硅垢防垢率的测定。测定四元共聚物对硅垢防垢的效果采用的是硅钼蓝法。硅钼蓝法是一种利用分光光度计测定溶液中成垢前后硅含量的吸光度从而计算防垢率的实验方法。

4.四元共聚物ITSA的结构表征

取烘干后的少量四元共聚物与KBr研磨压片，利用红外光谱仪对四元共聚物进行结构表征。

5.四元共聚物ITSA的防垢机理

分别将加入四元共聚物防垢剂前后的垢样于Zeiss扫描电镜下进行观察分析，同时探讨该防垢剂的防垢机理。

（二）结果与分析

1.四元共聚物ITSA的合成条件研究

（1）单因素实验。

①聚合温度的影响。在实验条件为单体配比n（IA）：n（TEA）：n（SAS）：n（AM）=1.0：1.5：0.2：1.5，m（引发剂）：m（单体）=10%，聚合时间为3h，聚合反应温度分别为40℃、50℃、60℃、70℃、80℃，制备共聚物。按ITSA对硅垢防垢率的测定进行实验，测定合成的防

垢剂对硅垢的防垢率，结果见表4-10。

表4-10　聚合温度对ITSA防垢率的影响

聚合温度/℃	40	50	60	70	80
ITSA防垢率/%	57.21	61.79	63.94	70.08	60.53

表4-11表明，ITSA防垢率随聚合温度的升高呈先增后减的变化趋势。由于聚合温度升高，导致化学反应活性增强，并且增加了目标产物的产率，使得防垢率升高；当温度超过最佳值后，引发的自由基会猛烈聚合，促使反应过程中生成大量热量且不易散出，产生了爆聚现象，反而降低了防垢率。故聚合温度为70℃时为最佳。

②聚合时间的影响。在实验条件为单体配比 n（IA）：n（TEA）：n（SAS）：n（AM）=1.0：1.5：0.2：1.5，m（引发剂）：m（单体）=10%，聚合温度70℃，聚合时间分别1.0h、2.0h、3.0h、4.0h、5.0h时，制备共聚物。按ITSA对硅垢防垢率的测定进行实验，测定合成的防垢剂对硅垢的防垢率，结果见表4-11。

表4-11　聚合时间对ITSA防垢率的影响

聚合时间/h	1.0	2.0	3.0	4.0	5.0
ITSA防垢率/%	50.53	59.86	60.53	55.91	56.32

表4-11表明，ITSA防垢率随聚合时间的增加而呈现先增后减的趋势。由于反应时间加长，使更多量的反应物转化成目标产物，随之，防垢率会大幅度提高；当超过一定聚合时间后，反应过程中会产生部分副产物，导致防垢率下降。故聚合时间3.0h为最佳。

③单体配比的影响。由于醇胺基、磺酸基和酰胺基均能有效抑制硅垢的形成，实验将针对醇胺基用量进行探讨。在实验条件为 m（引发剂）：m（单体）=10%，聚合温度70℃，聚合时间分别3.0h，单体配比 n（IA）：n（TEA）：n（SAS）：n（AM）分别为1.0：0.5：0.2：1.5，1.0：1.0：0.2：1.5，1.0：1.5：0.2：1.5，1.0：2.0：0.2：1.5，1.0：2.5：0.2：1.5时，制备共聚物。按ITSA对硅垢防垢率的测定进行实验，测定合成的防垢剂对硅垢的防垢率，结果见表4-12。

表4-12　单位配比对ITSA防垢率的影响

n（IA）：n（TEA）： n（SAS）：n（AM）	1.0：0.5： 0.2：1.5	1.0：1.0： 0.2：1.5	1.0：1.5： 0.2：1.5	1.0：2.0： 0.2：1.5	1.0：2.5： 0.2：1.5
ITSA防垢率/%	56.41	59.05	60.53	56.41	55.82

表4-12表明，n（IA）：n（TEA）：n（SAS）：n（AM）=1.0：1.5：0.2：1.5时，防垢率达最佳值。对阻垢剂而言，只有当大分子长链上的各种特性官能基团比例适当时，阻垢性能才能得到良好的发挥。因此，单体用量间接影响共聚物中官能团间的协同作用，进而影响其防垢率的大小。故选取单体配比n（IA）：n（TEA）：n（SAS）：n（AM）=1.0：1.5：0.2：1.5。

④m（引发剂）：m（单体）的影响。在实验条件为单体配比n（IA）：n（TEA）：n（SAS）：n（AM）=1.0：1.5：0.2：1.5，反应温度为70℃，聚合时间3.0h，m（引发剂）：m（单体）=5%、10%、15%、20%、25%时，制备共聚物。按ITSA对硅垢防垢率的测定进行实验，测定合成的防垢剂对硅垢的防垢率，结果见表4-13。

表4-13　m（引发剂）：m（单体）对ITSA防垢率的影响

m（引发剂）：m（单体）/%	5	10	15	20	25
ITSA防垢率/%	59.73	65.02	60.53	57.44	52.01

表4-13表明，m（引发剂）：m（单体）=10%时，ITSA 防垢率达到最佳值。由于引发剂用量较少时，产物的分子量偏低，不能称其为高聚物，此时防垢率较低；当m（引发剂）：m（单体）高于某值时，产物的分子量会升高，共聚物分子自身可能出现缠绕现象并导致体积变大，从而影响对金属阳离子的螯合作用和对晶体垢的分散能力，防垢效果相应减弱。故最佳m（引发剂）：m（单体）=10%。

（2）正交实验。

①正交实验设计。在单因素实验的基础上，选取聚合温度（A）、聚合时间（B）、单体配比（C）、引发剂与单体配比（D）4个因素，选择L_9（3^4）正交表安排实验，因素及水平见表4-14。

表4-14 正交实验因素及水平

水平	A	B	C	D
	温度/℃	时间/h	n（IA）：n（TEA）：n（SAS）：n（AM）	m（引发剂）：m（单体）
1	65	2.5	1.0：1.2：0.2：1.5	8
2	70	3.0	1.0：1.5：0.2：1.5	10
3	75	3.5	1.0：1.8：0.2：1.5	12

②正交实验结果及极差分析。按表4-14安排进行正交实验，以合成产物防硅垢的能力为实验指标，正交实验结果及极差分析见表4-15。

表4-15 正交实验结果及极差分析

实验	A	B	C	D	防垢率/%
1	1	1	1	1	67.27
2	1	2	2	2	52.16
3	1	3	3	3	54.09
4	2	1	2	3	49.32
5	2	2	3	1	71.48
6	2	3	3	2	46.70
7	3	1	3	2	49.66
8	3	2	1	3	46.70
9	3	3	2	1	59.20
K_1/%	57.84	55.42	53.56	65.98	—
K_2/%	55.83	56.78	53.56	49.51	—
K_3/%	51.86	53.33	58.41	50.04	—
R/%	5.98	3.45	4.85	16.48	—

由表4-15正交实验结果的极差可知，4个影响因素中，各因素对合成产物防硅垢性能的影响程度由大到小依次为D>A>C>B，即：m（引发剂）最佳的合成工艺条件为$A_1B_2C_3D_1$，即：聚合温度65℃，聚合时间3h，m（引发剂）：m（单体）=8%，单体配比n（IA）：n（TEA）：n（SAS）：n（AM）=1.0：1.8：0.2：1.5。

③正交实验结果的方差分析。对表4-15的实验结果进行方差分析，分析结果见表4-16。

表4-16 正交实验结果的方差分析

因素	偏差平方和	自由度	F比	显著性
A	47.61	2	19.40	显著
B	18.11	2	2.81	不显著
C	47.07	2	18.96	显著
D	526.05	2	2368.11	非常显著
误差	10.81	2	——	——

从表4-16可以看出，所选的4个因素中，聚合温度和单位配比的影响达到显著水平，m（引发剂）：m（单体）达到非常显著水平，聚合时间的影响不显著。因此，防垢剂ITSA的合成过程中可适当减少聚合时间，降低时间对ITSA合成的影响。同时，要控制好m（引发剂）：m（单体），以保证较高的防垢率。

④最佳提取条件的验证。按$A_1B_2C_3D_1$进行验证实验，测定并计算ITSA的防垢率。平行3组，结果分别为72.15%、71.98%、72.21%，取平均值，得最佳提取工艺条件下ITSA的防垢率为72.11%。

2.四元共聚物ITSA的性能评价

（1）ITSA水溶性测定。四元共聚物ITSA防垢剂的水溶液在自然光下的观察结果为整体澄清透明，液体表面无漂浮物且烧杯底层无杂质，说明此四元共聚物为水溶性聚合物。

（2）TSA固含量测定。由实验测得：$m_1 = 71.689g$；$m_2 = 83.361g$；$m_3 = 73.352g$；固含量$S = \dfrac{m_3 - m_1}{m_3 - m_1} \times 100\% = 13.85\%$。

（3）ITSA对硅垢防垢率的影响因素。体系pH对防垢率的影响见图4-30。

由图4-30可知，随着pH的升高，四元共聚物防垢剂的防垢率呈现逐渐降低的趋势。体系pH=7~8时防垢率在65%以上，此时具有良好的防垢效果，当体系pH=9~11时防垢率低于60%。这说明该四元共聚物防垢剂不适合应用于强碱体系。体系温度对防垢率的影响见图4-31。

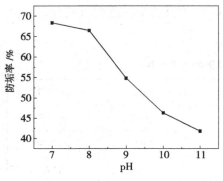

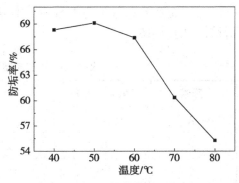

图4-30　体系pH对防垢率的影响　　图4-31　体系温度对防垢率的影响

由图4-31可知，随着体系温度的升高，四元共聚物防垢剂的硅垢防垢率会出现逐渐减小的情况。当温度在40~60℃时，防垢剂的防垢率变化趋势较缓和，而当温度高于50℃时，防垢率则会呈现大幅下降的趋势，这说明四元共聚物的防垢率受温度影响较大，耐温性较差。

3.四元共聚物ITSA红3外光谱图

IA/TEA/SAS/AM四元共聚物红外光谱图见图4-32。

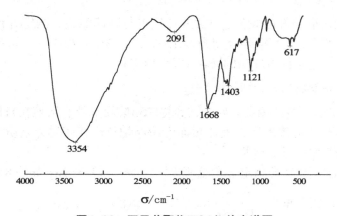

图4-32　四元共聚物ITSA红外光谱图

由图4-32可知，于3354cm^{-1}处出现的特征吸收峰归属于—OH和—NH（酰胺）的伸缩振动峰；2091cm^{-1}处的特征吸收峰为碳氢的伸缩振动吸收峰；1668cm^{-1}处出现—C≡O（酰胺）的伸缩振动吸收峰；在1403cm^{-1}附近出现碳氢的弯曲振动吸收峰；1121cm^{-1}附近出现—SO的伸缩振动吸收峰；在617~1121cm^{-1}附近出现C—H键伸缩振动峰。由以上分析结果可以准确推断出此四元共聚物中含有羧基、酰胺基及磺酸基等官能团。

由红外光谱图分析四元共聚物ITSA的化学式见图4-33。

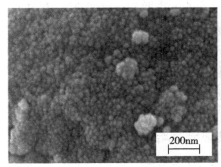

图4-33 四元共聚物ITSA的化学式

4.垢样扫描电镜图

四元共聚物ITSA防垢剂加入前后垢样扫描电镜图见图4-34和图4-35。

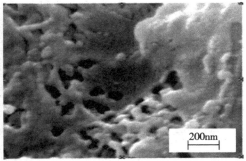

图4-34 未添加防垢剂的垢样扫描电镜图　图4-35 添加防垢剂的垢样扫描电镜图

由图4-34可知，未添加防垢剂的垢样晶粒尺寸较小，排列紧密，规则有序，各个晶粒交织在一起沉积吸附在管壁内侧形成难以冲刷掉的垢。由图4-35可知，添加防垢剂的垢样晶粒数目少且尺寸较大，各个晶粒之间有空隙，排列无规则，从而形成垢层疏松、容易被水流冲刷掉的垢。

由图4-34和图4-35对比可知，未添加防垢剂的垢样晶粒生长是严格有序的，添加防垢剂的垢样晶粒生长是杂乱无章的。这说明添加防垢剂后发生了晶格畸变，防垢剂粒子会吸附到晶体的活性生长点上，阻碍晶格的正常成长，使晶格歪曲而形成形状不规则的晶体。部分吸附在晶体上的防垢剂分子随着晶体增长进入晶体的晶格中，占据了晶体内的正常生长点，使形成垢的硬度降低，垢层中间形成大量空洞，晶格黏合力降低，因此易被水冲刷掉。同时，晶粒不规则排列呈现出的分散状态也说明ITSA对硅垢发挥了分散作用。防垢剂在水中解离出的阴离子与水中成垢晶体发生碰撞，吸附在这些晶体表面而形成双电层，把成垢晶粒分散开，阻止成垢粒子间的相互接触和凝聚，抑制垢生长，即为分散作用。这说明防垢剂

ITSA不仅能吸附成垢晶粒上，而且能吸附于接触面上形成吸附层，既阻止了颗粒在接触面上的沉积，又使颗粒大量沉积时沉积物不能与接触面紧密接触。

六、含醚键的四元共聚物防垢剂的制备及性能研究

三次采油中化学驱采油是既经济又有效的强化采油技术，其中三元复合驱（ASP）可比水驱提高采收率20%以上。由于三元复合驱中加入了碱（NaOH 或Na$_2$CO$_3$），驱油体系pH的变化使得在油藏环境和采出系统中出现严重的结垢现象，制约了三元复合驱的广泛应用。对垢样进行分析发现，三元复合驱油井垢的主要垢型为硅垢和碳酸盐垢，存在形式主要是非晶质硅垢与晶态碳酸钙的混合垢。防垢剂的研究较多，但有关硅垢防垢剂的研究在国内外尚少见报道。制备同时具有防硅垢与碳酸钙垢多功能的防垢剂是解决化学驱采油结垢问题的关键，多种官能团的协同效应成为近年来防垢剂的研究热点。笔者通过马来酸酐、次亚磷酸钠、丙烯酰胺、聚乙二醇4000等单体，合成了同时含有羧基、次亚磷酸基、酰胺基以及醚键等官能团的四元共聚物防垢剂，使多种功能基团并存于同一分子中，发挥其协同防垢作用。引入醚键合成的四元共聚物防垢剂对硅垢的防垢效果与近期现有的研究成果相比较理想，对碳酸钙垢的防垢效果也较好。

（一）实验

1.四元共聚物的合成

将定量的马来酸酐溶解并调节溶液pH至4~5，水浴温度为45℃，在装有搅拌装置、温度计、冷凝管和滴液漏斗的四口烧瓶中搅拌，水解30min，加入次亚磷酸钠，调节温度至85℃。再加入定量的聚乙二醇和丙烯酰胺，搅拌均匀后依次加入过硫酸铵和亚硫酸氢钠（间隔5min）。在此温度下反应4h，制得红褐色共聚物。

2.四元共聚物的性能评价

（1）四元共聚物的水溶解性测定。配制质量分数为1%的四元共聚物的水溶液，将其置于转速为300r/min的磁力搅拌器上，搅拌5min。在恒温水浴锅中控温25℃，加热10min，取出于自然光下观察。

（2）四元共聚物的硅垢和碳酸钙垢防垢率的测定。分别采用硅钼蓝法和EDTA滴定法进行硅垢和碳酸钙垢防垢率的测定，具体过程如下：①四元共聚物的硅垢防垢率的测定采用硅钼蓝法测定成垢前后溶液中的硅含量，计算防垢率。②四元共聚物的碳酸钙垢防垢率的测定采用静态沉淀法，用EDTA标准溶液滴定，通过消耗的EDTA体积计算防垢率。

3.四元共聚物的结构表征

取烘干后的微量共聚物与KBr研磨制片，利用MB154S傅里叶红外光谱仪对合成的共聚物进行结构测定。

4.四元共聚物的防垢机理

采用LEO1530扫描电子显微镜对加入四元共聚物防垢剂前后的垢样进行分析，探讨其防垢机理。

（二）结果与分析

1.四元共聚物合成工艺条件的确定

考察聚合温度、聚合时间、引发剂用量及单体配比4个单因素对防垢剂防碳酸钙垢与硅垢性能的影响。以四元共聚物防垢剂防碳酸钙垢与硅垢的能力为指标，测试结果分别见图4-36～图4-39。图4-36、图4-38、图4-39中呈现变化趋势相同，即随着温度升高、单体物质的量比的变化和引发剂用量的增加，碳酸钙垢与硅垢的防垢率均呈现先增加后减小的变化趋势；而由图4-37可知，随着聚合时间的增加，碳酸钙垢与硅垢的防垢率均呈现增加的趋势，当反应时间超过4h后，增加趋势趋于缓和。

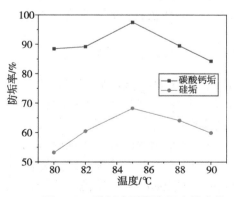

图4-36　防垢率随聚合温度的变化

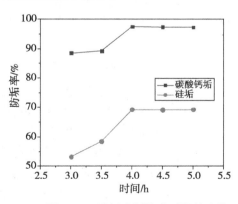

图4-37　防垢率随聚合时间的变化

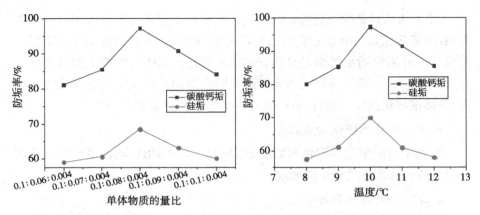

图4-38 防垢率随单体物质的量比的变化　　图4-39 防垢率随引发剂用量的变化

随着聚合温度升高，反应活性增加，目标产物产率增加，防垢率增加；当温度超过一定值时，反应选择性降低，副产物产生，导致防垢率降低。随着反应时间的增加，越来越多的原料转化为目标产物，防垢率呈增加趋势；当超过临界时间时，原料几乎完全反应，防垢率几乎保持不变。单体的用量会直接影响共聚物的组成，进而影响官能团间的协同效果，从而影响其防垢率。引发剂用量会影响产物的相对分子质量，相对分子质量过低时称不上高聚物，而当相对分子质量过高时共聚物可能会出现自身缠绕现象并且分子体积会变得相对较大，影响其螯合金属阳离子的性能和进入晶体垢晶格的能力，进而影响其防垢效果，可见共聚物的相对分子质量也存在一个最佳值。综合4个因素的影响，可以得出四元共聚物的最佳合成条件，即：聚合温度为85℃，聚合时间为4h，单体马来酸酐、丙烯酰胺、聚乙二醇物质的量比为0.1：0.08：0.004（次亚磷酸钠占单体总质量的18%），引发剂用量为单体总质量的10%（过硫酸铵占75%、亚硫酸氢钠占25%）。

2.四元共聚物的性能评价

（1）四元共聚物的水溶解性。在自然光下观察，烧杯内测定条件下的四元共聚物的水溶液澄清透明，液面上无漂浮物且烧杯底部无沉积物，从而可以判定四元共聚物为水溶性的有机高聚物。

（2）四元共聚物的红外谱图分析。四元共聚物的红外谱图见图4-40。出现于3430cm^{-1}处的特征吸收峰归属于—OH和—NH$_2$（酰胺）的伸缩振动峰；2922cm^{-1}处出现碳氢的伸缩振动吸收峰；1626cm^{-1}处的特征吸收峰是—C=O的伸缩振动吸收峰；在1113cm^{-1}位置出现清晰的聚醚—C—O—C—基强振动吸收峰；1467cm^{-1}处出现P—C键伸缩振动峰，973cm^{-1}出现—PO$_2$H$_2$

的强特征吸收峰，并且800cm^{-1}附近有多峰。由以上分析可以推断出产物为含有羧基、次亚磷酸基、酰胺基以及醚键等官能团的四元共聚物。

（3）四元共聚物对硅垢的防垢率。测试温度为60℃时，不同浓度的四元共聚物防垢剂对硅垢防垢率影响见图4-41。由图4-41可知，随着防垢剂用量的增加，防垢率先呈现增加的趋势，当防垢剂用量达到一定值后，因溶限作用导致防垢率减小。当用量为100mg/L时，防垢率达到最大值67.2%。

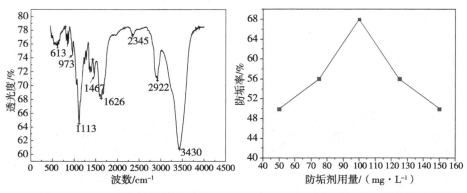

图4-40　四元共聚物的红外谱图　　　　图4-41　防垢率随防垢剂用量的变化

（4）四元共聚物对碳酸钙垢的防垢率。测试温度为70℃时，不同浓度的四元共聚物防垢剂对碳酸钙垢防垢率影响见图4-42。由图4-42可知，钙垢与硅垢防垢率随防垢剂用量的变化趋势不同，随着防垢剂用量的增加，钙垢防垢率呈上升趋势，即防垢效果越来越好。当防垢剂用量为100mg/L时，防垢率为96.3%，已较理想；当防垢剂用量为150mg/L时，防垢率为99.8%，接近100%。综合经济因素考虑，防垢剂的最佳加入量为100mg/L。

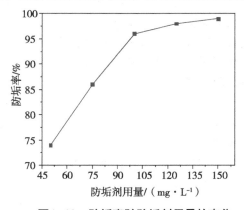

图4-42　防垢率随防垢剂用量的变化

3.四元共聚物加入前后垢样扫描电镜图及防垢机理

添加四元共聚物防垢剂处理前后垢样（混合垢，以碳酸钙垢和硅垢为主）的扫描电镜结果见图4-43。由图4-43可知，未加四元共聚物防垢剂的垢样结晶紧密，粒径较小，各个晶粒之间相互聚集交织沉积成垢。这种垢细密均匀、坚硬而不易溶解，吸附在器壁上，水流难以冲刷掉。加入四元共聚物防垢剂后，垢样的微观结晶数目减少，结晶尺寸变大，垢层较疏松，水流易于冲刷，这说明共聚物防垢剂对模拟水有较好的防垢作用。

目前对于防垢剂作用的机理主要有以下几种观点：晶格畸变；络合增溶；阈值效应作用；双电层作用；静电斥力作用；再生-自解脱膜假说；表面吸附作用；强极性基团的作用；去活化作用。

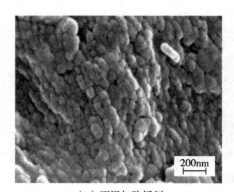 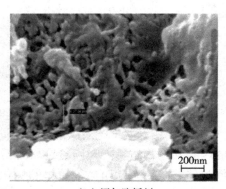

（a）不添加防垢剂　　　　　　　　　　（b）添加防垢剂

图4-43　添加防垢剂前后混合垢样SEM图

由图4-43可以看出，加入四元共聚物防垢剂前后垢样发生了晶格畸变：未加防垢剂时垢的微晶成长按照一定的晶格排列，结晶致密而坚硬；加入防垢剂后，因有的防垢剂吸附在晶体上，有的掺杂在晶格的点阵中，对结晶正常生长产生了干扰，迫使晶体内部的应力增大，晶体发生畸变，从而使晶体易破裂，阻碍了垢的生长。此外，聚合物在水中水解后呈电负性，不仅具有螯合钙、镁等阳离子的能力，而且能吸附在碳酸钙垢微晶粒子表面上，这样一方面可以增大微晶粒子表面的负电荷密度，提高微晶粒子的电位，增加微晶粒子之间的静电排斥力，对成垢离子起到了扩散作用，从而阻止微晶粒子因聚集而长大；另一方面减少了形成硅垢所需要的晶核，从而降低了硅垢的形成。

第二节　油田管道防腐技术

减少埋地钢质管道在土壤中的腐蚀一般采用覆盖层防腐法和阴极保护法。

一、覆盖层防腐法

为了使金属表面与腐蚀介质隔开而覆盖在金属表面上的保护层叫覆盖层。

用覆盖层抑制金属腐蚀的方法叫覆盖层防腐法。抑制金属腐蚀的覆盖层又称为防腐层。

一种好的防腐层应具有热稳定、化学稳定、生物稳定、机械强度高、电阻率高、渗透性低等优点。

在防腐层的结构中，涂料是重要的组成部分。

埋地管道所用涂料主要有石油沥青涂料、煤焦油瓷漆涂料、聚乙烯涂料、环氧树脂涂料和聚氨酯涂料。在这些涂料中，有些是通过熔融后冷却产生坚韧保护膜（如石油沥青涂料、煤焦油瓷漆涂料、聚乙烯涂料等），有些则是通过化学反应产生坚韧保护膜（如环氧树脂涂料、聚氨酯涂料等）。

在防腐层的结构中，除涂料外，还有底漆（或底胶）、中层漆、面漆、内缠带和外缠带等视情况需要而使用的组成部分。

下面是埋地钢质管道常用的防腐层。

（一）石油沥青防腐层

石油沥青防腐层是以石油沥青涂料为主要材料组成的防腐层。

石油沥青来自原油。原油减压蒸馏后的塔底残油或用溶剂（如丙烷）脱出的沥青（经氧化或不经氧化）都属于这里提到的石油沥青。

石油沥青主要由油分、胶质和沥青质等成分组成。有两类可用的石油沥青：一类是软化点为95~110℃的Ⅰ号石油沥青，另一类是软化点为125~140℃的Ⅱ号石油沥青。前者用于输送液体温度低于50℃的埋地管道；后者用于输送液体温度为50~80℃的埋地管道。

根据土壤的腐蚀性，可选用不同结构的石油沥青防腐层（表4-17）。

表4-18中所用的底漆由石油沥青溶于工业汽油制成；所用的内缠带为玻璃布（由玻璃纤维编织而成），外缠带为聚氯乙烯工业膜（膜上涂有由

氯丁橡胶与松香混合制得的胶黏剂）。

石油沥青防腐层具有原料来源广、成本低、施工工艺简单等优点。

表4-17　石油沥青防腐层的等级与结构

防腐层 等级	防腐层结构	防腐层总 厚度/mm
普通级	底漆—石油沥青—内缠带—石油沥青—内缠带—石油沥青— 外缠带	≥4.0
加强级	底漆—石油沥青—内缠带—石油沥青—内缠带—石油沥青— 内缠带—石油沥青—外缠带	≥5.5
特强级	底漆—石油沥青—内缠带—石油沥青—内缠带—石油沥青— 内缠带—石油沥青—内缠带—石油沥青—外缠带	≥7.7

（二）煤焦油瓷漆防腐层

煤焦油瓷漆由煤焦油、煤焦油沥青和煤粉组成。有3类可用的煤焦油瓷漆，它们的软化点分别为大于100℃、105℃、120℃。这些煤焦油瓷漆的浇涂温度都在230~260℃。

根据土壤的腐蚀性，可选用不同结构的煤焦油瓷漆防腐层（表4-18）。

表4-18　煤焦油瓷漆防腐层的等级与结构

防腐层 等级	防腐层结构	防腐层总 厚度/mm
普通级	底漆—煤焦油瓷漆—外缠带	≥3.0
加强级	底漆—煤焦油瓷漆—内缠带—煤焦油瓷漆—外缠带	≥4.0
特强级	底漆—煤焦油瓷漆—内缠带—煤焦油瓷漆—内缠带—煤焦油瓷 漆—外缠带	≥5.0

表4-18中所用的底漆为煤焦油底漆，它由煤焦油和煤焦油沥青溶于二甲苯中制成；所用的内缠带和外缠带均为玻璃纤维织成的毡带，前者浸渍了胶黏剂（如乙烯与乙酸乙烯酯共聚物），后者浸渍了煤焦油瓷漆。

煤焦油瓷漆具有防水性好、机械强度高、化学稳定、抗细菌能力和抗植物根系穿入能力强、原料来源广、成本低等优点。

（三）聚乙烯防腐层

聚乙烯防腐层用到两种聚乙烯：一种是密度为$0.935~0.950g/cm^3$的高密度聚乙烯；另一种是密度为$0.900~0.935g/cm^3$的低密度聚乙烯。

可用两种方法形成聚乙烯防腐层：一种方法是挤压包覆法，另一种方法是胶黏带缠绕法。

当用挤压包覆法形成聚乙烯防腐层时，可先将聚乙烯加热熔化，然后挤压包覆在涂有底胶的管道外壁形成防腐层。这里使用的底胶是一种起底漆作用的胶黏剂。在它的分子中有非极性部分，能与聚乙烯表面紧密结合；也有极性部分，能与管道表面（因管道表面为空气所氧化，带极性）紧密结合。

可用乙烯与乙酸乙烯酯共聚物、乙烯与丙烯酸乙酯共聚物、乙烯与顺丁烯二酸二甲酯共聚物等做底胶。

当用胶黏带缠绕法形成聚乙烯防腐层时，可先在聚乙烯带表面涂上黏胶，制得聚乙烯胶黏带，然后将此聚乙烯胶黏带缠绕在涂有底漆的管道外壁形成聚乙烯防腐层。聚乙烯带上涂的黏胶有两种主要成分：一种是胶黏剂如聚异戊二烯，它能提供黏胶黏度；另一种是润湿剂，如聚苧烯，它可溶于胶黏剂中，提高胶黏剂的润湿能力，减小胶黏剂在聚乙烯表面和底漆表面的润湿角，提高胶黏剂的胶黏作用。

在胶黏带缠绕法中，金属表面的底漆可由氯丁橡胶、丁苯橡胶溶于溶剂中制得。

可用的溶剂有二甲苯、乙酸乙酯、甲乙基酮、甲基异丁酮等。当底漆中的溶剂挥发后即可在金属表面形成橡胶型聚合物的漆膜，它可提高聚乙烯胶黏带与金属表面的结合力。

（四）聚乙烯聚氨酯泡沫保温防腐层

这是以聚氨酯泡沫为内保温层、以聚乙烯为外保护层的复合保温防腐层。

聚氨酯泡沫是通过不同的方法使聚氨酯起泡、固化而产生的。聚氨酯由多异氰酸酯与多羟基化合物合成。在合成时，必须保持异氰酸基比羟基过量。

可用的多异氰酸酯有甲苯二异氰酸酯（TDI）、二苯甲烷二异氰酸酯（MDI）、多亚甲基多苯基多异氰酸酯（PAPI）、己二异氰酸酯（HDI）等。

可用的多羟基化合物有聚氧丙烯乙二醇醚、聚氧丙烯丙三醇醚、四羟异丙基乙二胺等。

由于合成时保持异氰酸基比羟基过量，因此聚氨酯与水接触时，可发生反应，使聚氨酯起泡、固化，产生聚氨酯泡沫。

此外，也可通过通入空气或利用反应热使低分子烷烃（如丁烷）或低分子卤代烷烃（如一氟三氯甲烷）汽化的方法产生气泡，同时加入胺，如乙二胺、二苯甲烷二胺等，使聚氨酯固化，产生聚氨酯泡沫。

作为外保护层的聚乙烯多用高密度聚乙烯。

聚乙烯聚氨酯泡沫保温防腐层在油田中有着广泛的应用。

（五）熔结环氧粉末防腐层

将加有固化剂的环氧树脂粉末喷涂在金属表面，在150~180℃下烘15min，即可得到坚韧的熔结环氧粉末防腐层。

软化点是环氧树脂的重要性质，它是在规定条件下测得的环氧树脂的软化温度。

环氧树脂软化点与环氧树脂聚合度的关系见表4-19。

表4-19　环氧树脂软化点与聚合度的关系

软化点/℃	聚合度
<50	<22
50~100	~5
≥100	<5

可用软化点为95℃的环氧树脂制备环氧粉末。

环氧树脂的固化剂主要有两种：

1.双氰胺

双氰胺由两个氰胺加合而成，双氰胺中的伯胺基和仲胺基可通过环氧树脂中的环氧基起交联作用。

表4-20为用双氰胺作固化剂的环氧粉末配方。在配方中，聚丙烯酸酯可降低涂料的表面张力，提高涂料对金属表面的润湿性，使涂料易于在金属表面扩展。配方中的二氧化钛为颜料，起着色和增加涂膜强度的作用。

表4-20　双氰胺固化的环氧粉末配方

原料	w（组成）/%
环氧树脂（软化点95℃）	66.0
聚丙烯酸酯	3.4
二氧化钛	27.5
双氰胺	3.1
合计	100.0

2.酚醛树脂

酚醛树脂由苯酚（或甲酚）与甲醛缩聚而成。酚醛树脂中的酚基可通过环氧树脂中的环氧基起交联作用。

表4-21为用酚醛树脂做固化剂的环氧粉末配方。配方中的气相二氧化硅是将熔融的二氧化硅在气相中雾化产生的，它的表面是羟基化了的，可以通过氢键形成结构，防止涂料边缘在高温烘干时流失。配方中的二氧化钛和三氧化二铁均为颜料，起着色和增加涂膜强度的作用。

表4-21　酚醛树脂固化的环氧粉末配方

原料	w（组成）/%
环氧树脂（软化点95℃）	64.0
酚醛树脂	16.0
气相二氧化硅	0.5
二氧化钛	18.0
三氧化二铁	1.5
合计	100.0

以酚醛树脂做固化剂的环氧树脂涂料适用于做高温管道的防腐层。

（六）环氧煤沥青防腐层

环氧煤沥青防腐层主要由环氧煤沥青底漆、中层漆和面漆组成，配方如表4-22所示。

在表4-22的第一成分中，环氧树脂和煤焦油沥青为主剂，轻质碳酸钙为填料，铁红（三氧化二铁）和锌黄（碱式铬酸锌与铬酸钾形成的复盐）为颜料，混合溶剂由甲苯、环己酮、二甲苯和乙酸丁酯按质量比4:3:2:1配成；第二成分中的聚酰胺由不饱和脂肪酸加热聚合成二聚酸，再与二乙烯三胺缩合而成，二甲苯是它的溶剂。

环氧煤沥青防腐层中的各种漆，只需将表4-23中各种漆的第一成分与第二成分混合起来就可配得。

表4-22　环氧煤沥青防腐层中各种漆的配方

成分	原料	w（组成）/%		
		底漆	中层漆	面漆
第一成分	环氧树脂	11.3	11.2	19.6
	煤焦油沥青	6.7	14.0	24.5
	轻质碳酸钙	30.2	31.5	15.8
	铁红	11.3	10.5	5.2
	锌黄	7.5	—	—
	混合溶剂	27.4	27.2	25.1
第二成分	聚酰胺	2.8	2.8	4.9
	二甲苯	2.8	2.8	4.9
合计		100.0	100.0	100.0

表4-23为环氧煤沥青防腐层的等级与结构。在表4-23中，加强级、特强级的防腐层中增加了内缠带（玻璃布）。

表4-23　环氧煤沥青防腐层的等级与结构

防腐层等级	防腐层结构	防腐层厚度/mm
普通级	底漆—中层漆—面漆	≥0.2
加强级	底漆—中层漆—内缠带—中层漆—面漆	≥0.4
特强级	底漆—中层漆—内缠带—中层漆—内缠带—中层漆—面漆	0.6

由于环氧树脂可在常温下固化，所以环氧煤沥青漆可在常温下冷涂。

（七）三层型的复合防腐层

由于各种防腐层各有优点，所以可通过防腐层的复合形成使用性能更好的防腐层。代表这一发展趋势的是一种三层型的复合防腐层。在这种防腐层中，底层为环氧树脂，它有很好的防腐性、黏结性与热稳定性；中层为各种含乙烯基单体的共聚物如乙烯与乙酸乙烯酯共聚物、乙烯与丙烯酸乙酯共聚物和乙烯与顺丁烯二酸甲酯共聚物等，这些共聚物既有与底层结合的极性基团，也有与外层结合的非极性基团，因此有很强的黏结性；

外层为高密度的聚乙烯,有很好的机械强度,若用聚丙烯代替聚乙烯作外层,则防腐层可用于93℃高温。

这种三层型复合防腐层的主要缺点是成本高,在使用范围上受到限制。

二、阴极保护法

覆盖层防腐法是防止埋地管道腐蚀的重要方法,但它必须与阴极保护法联合使用才能有效控制埋地管道的腐蚀,因为在涂敷过程中防腐层不可避免地会出现漏涂点,在使用期间防腐层在各种因素作用下,会产生剥离、穿孔、开裂等现象,这时阴极保护法是覆盖层防腐法的补充防腐法。

阴极保护的方法有两种,即外加电流法和牺牲阳极法。

(一)外加电流的阴极保护法

在腐蚀电池中,阳极是被腐蚀的电极,而阴极是不被腐蚀的电极。

将直流电源的负极接在需保护的金属(埋地管道)上,将正极接在辅助电极(如高硅铸铁)上,形成如图4-44所示的回路,然后加上电压,使被保护金属整体(包括其中大量由于金属不均匀或所处条件不相同而产生的微电池)变成阴极,产生保护电流。保护电流发生后,在电极表面发生电极反应:在阳极表面发生阳极反应(氧化反应);在阴极表面发生阴极反应(还原反应)。由于被保护金属与直流电源的负极相连,它发生的是阴极反应,因此得到保护。

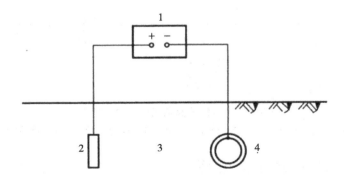

图4-44　埋地管道的外加电流阴极保护法
1—直流电源(恒电位仪)　2—辅助阳极　3—土壤　4—被保护金属(埋地管道)

这种将被保护金属与直流电源的负极相连，由外加电流提供保护电流，从而降低腐蚀速率的方法叫外加电流的阴极保护法。

阴极保护法需测定被保护金属的自然电位和保护电位。这两种电位都需要将被保护金属与参比电极相连才能测出。

参比电极是一种具有稳定的可重现电位的基准电极。常用的参比电极为铜/饱和硫酸铜电极（简称硫酸铜电极，copper sulfate electrode，CSE）。

若将被保护金属与插于土壤中的硫酸铜参比电极相连，则测得的电位为被保护金属的自然电位。埋地钢质管道的自然电位在中等腐蚀性的土壤中约为–0.55 V（相对于CSE）。

若在图4–44所示回路中，用外加电流法对金属进行阴极保护，即回路中产生了保护电流，在这种情况下再将被保护金属与插于土壤中的硫酸铜参比电极相连（图4–45），测得的电位则为被保护金属的保护电位。在有效的阴极保护中，保护电位一般控制在–0.85~–1.20V（相对于CSE）。保护电位之所以对自然电位负移，是由于阴极反应受阻。在阴极表面发生的反应为还原反应。还原反应需要与阴极表面接触的水中有接受电子的离子（如H^+）。这些离子的扩散、反应以及反应产物离开阴极表面的速率低于电子在金属导体中的移动速率，造成电子在阴极表面积累。在这种情况下测得的电位（保护电位）必然比自然电位更负些。

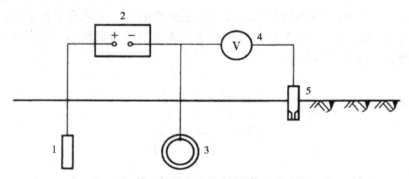

图4–45　被保护金属保护电位的测定

1—辅助阳极　2—直流电源　3—被保护金属　4—高阻电位计　5—硫酸铜参比电极

（二）牺牲阳极的阴极保护法

将被保护金属和一种可以提供阴极保护电流的金属或合金（牺牲阳极）相连，使被保护金属腐蚀速率降低的方法叫牺牲阳极的阴极保护法。

图4–46为牺牲阳极的阴极保护系统和监测系统。

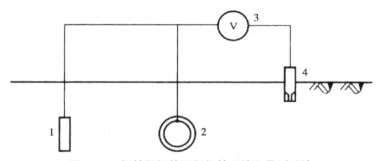

图4-46 牺牲阳极的阴极保护系统和监测系统

1—牺牲阳极　2—被保护金属　3—高阻电位计　4—硫酸铜参比电极

可作为牺牲阳极的物质是电位比被保护金属还要负的金属或合金。

一种好的牺牲阳极应具有电位足够负、电容量大、电流效率高、溶解均匀、腐蚀产物易脱落、制造简单、来源广、成本低等优点。这里讲的电容量是指单位质量牺牲阳极溶解所能提供保护电流的电量，而电流效率则是指牺牲阳极的实际电容量与理论电容量的比值，以百分数表示。

重要的牺牲阳极均为合金。可用两类合金：一类是以镁为主要成分的镁基合金；另一类是以锌为主要成分的锌基合金。它们的化学元素的质量分数见表4-24，电化学性能见表4-25。

表4-24 牺牲阳极的化学元素的质量分数

镁基合金								
化学元素	Mg	Al	Zn	Mn	杂质的最大质量分数/%			
					Fe	Ni	Cu	Si
w/%	余量	5.3~6.7	2.5~3.5	0.15~0.60	0.005	0.003	0.02	0.1
锌基合金								
化学元素	Zn	Al	Cd		杂质的最大质量分数/%			
					Fe	Cu	Pb	Si
w/%	余量	0.3~0.6	0.05~0.12		0.005	0.005	0.006	0.125

表4-25 牺牲阳极的电化学性能

牺牲阳极	开路电位/V①	工作电位/V①	实际电容量/ ($A \cdot h \cdot kg^{-1}$)	电流效率/%
镁基合金、锌基合金	≤1.50、1.05~1.09	≤1.40、1.00~1.05	1100、780	55、95

注：①相对于硫酸铜参比电极的电位。

在使用牺牲阳极时，必须在它的周围加入由硫酸钠、膨润土和石膏粉组成的填包料。填包料主要起减小牺牲阳极的接地电阻，增加输出电流和使腐蚀产物易脱落的作用。

金属的腐蚀量可按下面的Faraday公式计算：

$$m = \frac{tM}{nF} \cdot I \qquad (4-1)$$

式中，m为腐蚀时间内金属的腐蚀量，g；t为腐蚀时间，s；M为金属的摩尔质量，g/mol；n为金属离子的价数；F为Faraday常数，等于96500C/mol；I为腐蚀电流，A。

显然，式（4-1）可用于计算牺牲阳极的理论电容量。

三、缓蚀剂MA/TEA

随着石油勘探开发的进行，酸处理工艺得到迅速发展。然而在酸化过程中，酸液会对油井设备和管线造成严重腐蚀，向酸液中加入缓蚀剂成为人们关注的防腐蚀手段之一，其中聚合物缓蚀剂成为研究热点。有机磷酸聚合物、含氮聚合物、乙烯基聚合物缓蚀剂以优异的缓蚀性能受到人们的青睐。聚合物缓蚀剂具有缓蚀效率高、缓蚀作用持久、不污染环境等优点，是缓蚀剂重要发展方向之一。

笔者以马来酸酐（MA）、三乙醇胺（TEA）为原料，过硫酸铵为引发剂，合成MA/TEA二元共聚物缓蚀剂。以马来酸酐、三乙醇胺为单体合成含多官能团的二元共聚物缓蚀剂，使多种功能基团并存于同一分子中，从而发挥官能团的协同缓蚀作用。聚合物作为缓蚀剂，不仅缓蚀效果较好，而且对环境污染小，符合"绿色化工"理念。

（一）实验

1.实验试剂及仪器

马来酸酐：分析纯，上海试剂三厂；三乙醇胺、过硫酸铵、硫脲：分析纯，哈尔滨化工化学试剂厂；盐酸、柠檬酸、氟化铵、磷酸：分析纯，天津市化学试剂有限公司。

四口烧瓶：天津玻璃仪器厂；MS154S傅立叶红外光谱仪：天津港东科技发展股份有限公司；Zeiss扫描电镜：德国卡尔蔡司公司；HH-S26S数显恒温水浴锅：江苏省金坛区大地自动化仪器厂；电动搅拌器：上海标本模型厂制造；FA-N/JA-N系列电子天平：上海民桥精密科学仪器有限公司；202型恒温干燥箱：上海胜启仪器仪表有限公司；Ⅱ型碳钢挂片：

72.4mm × 11.5mm × 2mm，自制。

2.复配缓蚀剂的制备

（1）共聚物MA/TEA的制备。将150mL去离子水和5.8800g马来酸酐加入三口烧瓶中，置于45℃恒温水浴锅中搅拌30min，使马来酸酐完全水解。升温至60℃加入6mL三乙醇胺搅拌均匀后，加入0.1188g过硫酸铵作为引发剂。在60℃下聚合，反应时间6h，得二元共聚产物。

（2）缓蚀剂的复配。首先将共聚物MA/TEA烘干并研磨成粉末状，然后按实验要求将其与硫脲按一定比例混合，复配使用。

3.缓蚀剂MA/TEA的性能测定

（1）MA/TEA的水溶性测定。将盛有质量分数为1%共聚物水溶液的烧杯置于25℃恒温水浴中，搅拌10min，将烧杯从恒温水浴中取出，冷却至室温，置于自然光下观察，判断其水溶性。

（2）MA/TEA对碳钢挂片缓蚀率的测定。实验酸性体系质量分数分别为15%HCl、5%H_3PO_4、1%柠檬酸的水溶液。体系温度60℃，将碳钢挂片置于此酸性体系中反应6h。称量反应前碳钢挂片质量，记为m_0；未添加缓蚀剂的酸性体系中碳钢挂片质量，记为m_1；添加缓蚀剂的酸性体系中碳钢挂片质量m_2，计算缓蚀剂的缓蚀率η。

$$\eta = \frac{m_2 - m_1}{m_0 - m_1} \times 100\%$$

（3）二元共聚物的固含量的测定。称量干燥烧杯的质量，记为m_1，向烧杯中加入10mL二元共聚物，总质量记为m_2，将其置于50℃恒温干燥箱内干燥至恒重，冷却至室温，总质量记为m_3。计算二元共聚物的固含量S。

$$S = (m_3 - m_1)/(m_2 - m_1)$$

（4）MA/TEA的结构表征。取烘干后的少量二元共聚物缓蚀剂与KBr研磨压片，利用MB154S傅立叶红外光谱仪对二元共聚物进行结构表征。

（5）碳钢挂片表面分析。利用Zeiss扫描电镜对碳钢挂片表面观察，对比添加缓蚀剂前后酸性体系中碳钢挂片的表面形貌，分析缓蚀剂对碳钢挂片的缓蚀机理。

（二）结果与分析

1.复配缓蚀剂工艺条件的确定

（1）单因素实验。以聚合温度、聚合时间、MA/TEA添加量、硫脲添加量为实验因素，以缓蚀率为实验指标，研究各因素对碳钢挂片缓蚀率的影响。实验条件见表4-26，结果见图4-47～图4-50。

表4-26   单因素实验条件

因素	聚合温度/℃	聚合时间/h	ρ（MA/TEA）/（mg/L）	ρ（硫脲）/（mg/L）
1	X_1	6	6	4
2	70	X_2	6	4
3	70	6	X_3	4
4	70	6	6	X_4

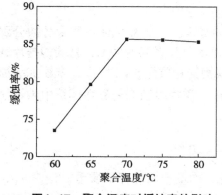

图4-47   聚合温度对缓蚀率的影响

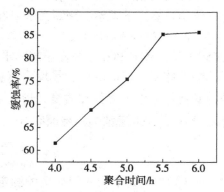

图4-48   聚合时间对缓蚀率的影响

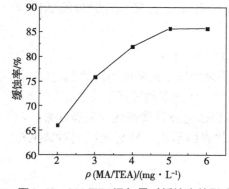

图4-49   MA/TEA添加量对缓蚀率的影响

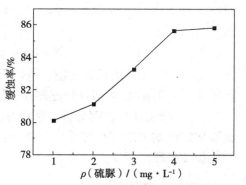

图4-50   夜硫脲添加量对缓蚀率的影响

聚合温度对缓蚀率的影响见图4-47。由图4-47可知，随着聚合温度的升高，反应活性增加，目标产物产率增加，缓蚀率增加；当温度超过一定值后，反应选择性降低，产生副产物，导致缓蚀率降低。聚合时间对缓蚀率的影响见图4-48。由图4-48可知，随着反应时间的增加，越来越多的原料转化为目标产物，缓蚀率呈增加趋势；当超过临界时间后，原料几乎反应完全，缓蚀率保持不变。MA/TEA添加量对缓蚀率的影响见图4-49。由图4-49可知，随着MA/TEA添加量的增加，缓蚀率逐渐增加，当添加量达到一定值后，随着添加量的增加，缓蚀率趋于平缓。硫脲添加量对缓蚀率的影响见图4-50。由图4-50可知，随着硫脲添加量的增加，缓蚀率逐渐增加；当硫脲添加量达到一定值后，随着硫脲添加量的增加，缓蚀率保持不变。

（2）正交实验。以聚合温度、聚合时间、MA/TEA添加量、硫脲添加量为实验因素，对每个因素取3个水平，以缓蚀率为实验指标，选择$L_9(3^4)$正交表。

由表4-27、表4-28可知，各因素对缓蚀剂的缓蚀性能影响程度由大到小依次为：B>C>A>D，即聚合时间>MA/TEA添加量>聚合温度>硫脲添加量。实验最优组合为$A_2B_3C_3D_3$，即聚合温度70℃、聚合时间6h、共聚物添加量6mg/L、硫脲添加量5mg/L。通过实验验证表明，最佳实验条件下缓蚀率为85.83%。

表4-27　正交实验影响因素及水平

因素	聚合温度/℃	聚合时间/h	ρ（MA/TEA）/（mg/L）	ρ（硫脲）/（mg/L）
	A	B	C	D
1	60	4	2	3
2	70	5	4	4
3	80	6	6	5

表4-28　正交实验方案及结果

实验号	A	B	C	D	缓蚀率/%
1	1	1	1	1	81.14
2	1	2	2	2	80.67
3	1	3	3	3	84.53
4	2	1	2	3	81.41
5	2	2	3	1	82.28
6	2	3	1	2	83.20

实验号	A	B	C	D	缓蚀率/%
7	3	1	3	2	81.46
8	3	2	1	3	80.02
9	3	3	2	1	81.89
K_1/%	82.11	81.34	81.45	81.77	—
K_2/%	82.30	80.99	81.32	81.78	—
K_3/%	81.12	83.21	82.76	81.99	—
极差R/%	1.18	2.22	1.44	0.22	—

2.MA/TEA的性能评价

（1）MA/TEA的水溶性测定。在自然光下，二元共聚物缓蚀剂的水溶液澄清透明，液面上无漂浮物且烧杯底部无沉积物，说明此二元共聚物为水溶性聚合物。

（2）MA/TEA的缓蚀率测定。由实验测得：$m_0 =13.0308g$；$m_1 =12.6371g$；$m_2 =12.9750g$。缓蚀率η为85.83%。

（3）二元共聚物的固含量测定。由实验测得：$m_1 =9.7570g$，$m_2 =10.5198g$，$m_3 =9.8250g$。固含量S为8.91%。

（4）MA/TEA的红外谱图分析。MA/TEA的红外谱图见图4-51。

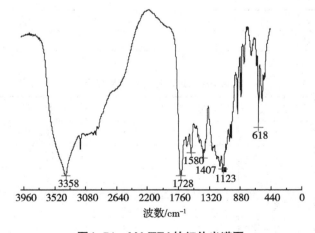

图4-51　MA/TEA的红外光谱图

由图4-51可知，谱图中3358cm⁻¹处的特征峰为R—COOH。1728cm⁻¹处强吸收峰为＞C═C—COOR。由于C═O吸收和＞C═C＜共轭影响，使其向低波数方向移动，而出现在约1720cm⁻¹区域。1580cm⁻¹处的伸缩振动吸收峰为—CH₂—。1407cm⁻¹处的吸收峰为C—N。1123cm⁻¹处的伸缩振动峰为C—O—C。由以上分析可以推断出产物是含有羧基、碳碳双键、醚键、亚甲基等官能团的二元共聚物。

（5）碳钢挂片电镜分析。挂片扫描电镜图见图4-52、图4-53。

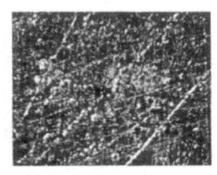

图4-52　添加缓蚀剂的　　　　　图4-53　未添加缓蚀剂的
　　挂片电镜图（500倍）　　　　　　挂片电镜图（500倍）

由图4-52和图4-53可知，未添加缓蚀剂的碳钢挂片表面腐蚀很严重，有大量蚀点、蚀坑，含有缓蚀剂的碳钢挂片基本没有腐蚀，可以清晰地看见打磨时留下的划痕，说明此缓蚀剂对碳钢具有明显的缓蚀作用。缓蚀剂分子吸附在碳钢挂片表面，在碳钢挂片表面形成一层保护膜，使碳钢挂片表面与腐蚀介质分开，进而使碳钢挂片表面更加平整光滑，说明此缓蚀剂对碳钢有较好的保护作用。缓蚀剂中的疏水基越大，疏水基保护膜厚度和覆盖程度越大，对酸的屏蔽性能越高，金属表面与腐蚀溶液接触的概率越低，缓蚀剂的缓蚀性能越高。此二元共聚物缓蚀剂静电吸附作用较强、空间位阻效应较小且中心吸附原子的电子云密度较大，缓蚀剂主要有效抑制CO_2和Cl^-腐蚀且促使挂片表面生成致密的疏化保护膜。此外，二元共聚物缓蚀剂为水溶性缓蚀剂，共聚物分子和水分子中的O原子、Fe晶体中的Fe原子之间形成了非键作用，溶剂化效应对缓蚀作用存在不可忽略的影响。聚合物缓蚀剂克服自身的形变与Fe晶体表面紧密结合，阻止腐蚀介质与碳钢表面接触，因此起到了缓蚀作用。

第三节　原油破乳与起泡原油的消泡

一、乳化原油的破乳

（一）原油乳状液

1.原油乳状液的生成

（1）原油中含水并含有足够数量的天然乳化剂是生成原油乳状液的内在因素。

（2）石油生产中经常使用的缓蚀剂、杀菌剂、润湿剂和强化采油的各种化学剂等都是促使生成乳状液的乳化剂。

（3）各种强化采油方法会促使生成稳定的乳状液。

（4）井筒和地面集输系统内的压力骤降、伴生气析出、泵对油水增压、清管、油气混输等都会促使乳状液的形成和稳定。

2.原油乳状液分类

原油和水构成的乳状液主要有油包水型和水包油型两类。此外，还有复合乳状液，即油包水包油型、水包油包水型。聚合物驱采油常产生油包水包油型（O/W/O型）复合乳状液。

（二）原油破乳剂

乳状液的破坏称破乳。各油田乳状液处理中普遍使用化学破乳剂，破乳剂和乳化剂都是表面活性剂，但两者的作用截然相反。1914年就有破乳剂专利，至今已有一百多年历史，添加的剂量由早期的1000mg/L左右降至现今的几到几十mg/L，技术上有了迅速发展。

常用的原油破乳剂主要有以下几种：

（1）烷基酚醛树脂-聚氧丙烯聚氧乙烯醚，如聚氧乙烯聚氧丙烯烷基苯酚甲醛树脂，AR型破乳剂。

（2）聚甲基苯基硅油聚氧丙烯聚氧乙烯醚，如聚氧乙烯聚氧丙烯甲基硅油。

（3）聚磷酸酯，如聚氧乙烯聚氧丙烯烷基磷酸酯。

（4）聚氧乙烯聚氧丙烯嵌段共聚物及其改性产物。该类破乳剂，根据引发剂种类不同，如丙二醇、丙三醇、多乙烯多胺、酚醛树脂、酚胺树脂，又可分为若干种类。

①丙二醇嵌段共聚物及改性产物，如聚氧乙烯聚氧丙烯丙二醇醚、BE型破乳剂，聚氧乙烯聚氧丙烯丙二醇醚松香酸酯，聚氧乙烯聚氧丙烯丙二醇醚二元羧酸扩链产物。

②多乙烯多胺嵌段共聚物及其改性产物，如AE型聚氧乙烯聚氧丙烯乙二胺、聚氧乙烯聚氧丙烯二乙烯三胺、AP型聚氧乙烯聚氧丙烯五乙烯六胺等。

③丙三醇嵌段共聚物，GP型。

④酚胺树脂类，如聚氧乙烯聚氧丙烯酚胺树脂，PFA型。

常用破乳剂性质见表4-29。

表4-29　常用破乳剂性质

名称		主要成分	适应性
AE系列	AE1910、AE1919、AE2040、AE 4010、AE 2010等	多亚乙基胺聚醚	油田、炼厂低温脱水，降黏，适合于中等密度、高含蜡原油
SH系列	SH9101、SH9105、SH9601、SH 991等	聚氧乙烯聚氧丙烯超高分子醚	高密度、高黏度、高酸值原油
GT系列 FC系列	GT940、GT922、FC9301、FC961等	多种聚氧丙烯聚乙烯醚，氧丙烯酯复配高分子量破乳剂	适用于中等密度、高含盐含水原油，如长庆、陕北、阿曼等原油的高温、低温原油破乳
BP系列	BP169、BP2040	丙二醇聚氧丙烯聚乙烯醚	江汉原油
ST系列	ST-12、ST-13、ST-14	酚胺树脂聚醚	高密度、高黏度原油
GD系列	GD9901、MD01	丙烯酸改性聚醚	高密度、高黏度稠油

二、起泡原油的消泡

油井采出液中溶解有伴生气或气驱用气，在分离器中由于温度、压力变化与扰动等影响，气体会从采出液中逸出。对于发泡性强的原油，可能会在分离器内形成稳定的泡沫层，其存在会占据分离器内大量空间，影响原油计量及液位控制，出现气中带液现象，危害下游压缩机与气体处理设施，严重时还会发生冒罐事故。

消灭有害的泡沫可以利用静置、减压（抽真空）、加温或加压等办法，但是当需要在短时间内迅速而有效地消除泡沫时，就需要添加消泡剂。

消泡剂是以低浓度加入起泡液体中，能防止泡沫形成或使原有泡沫减少甚至消失的物质的总称，又称为破泡剂、阻泡剂、防沫剂或抑泡剂。在润滑油中加入的消泡剂需在油中保持一定浓度，抑制使用过程中泡沫的生成，属于添加剂范畴。在炼油过程中加入的消泡剂应尽量防止在油中残留，以免影响后续工艺，属于炼油助剂。

（一）原油消泡剂分类

能消除原油泡沫的化学剂叫原油消泡剂。原油消泡剂可分为以下几类。

1.溶剂型原油消泡剂

这类消泡剂是指通常用作溶剂的低分子醇、醚、醇醚和酯。将这些消泡剂喷洒在原油泡沫上时，由于它们与气的表面张力和与油的界面张力都低而迅速扩展，使液膜局部变薄导致泡沫破坏。可用邻苯二甲酸二丁酯作消泡剂。

2.表面活性剂型原油消泡剂

这类消泡剂是指一些有分支结构的表面活性剂。将这些消泡剂喷洒在原油泡沫上时，由于它们取代了原来稳定泡沫的表面活性物质后形成不稳定的保护膜导致泡沫破坏。可用聚氧乙烯聚氧丙烯甘油醚作消泡剂。

3.聚合物型原油消泡剂

这类消泡剂是指其与气的表面张力和与油的界面张力都低的聚合物。它的消泡机理与溶剂型原油消泡剂的消泡机理相同。这类消泡剂主要有聚硅氧烷，也可用含氟聚硅氧烷和聚醚改性的聚硅氧烷、含氟聚硅氧烷和聚醚改性的聚硅氧烷。

（二）消泡剂作用机理

1.降低部分表面张力（σ）观点

这种观点认为，消泡剂的σ比发泡液的小。消泡剂与泡沫接触后，吸附于泡膜上，继而侵入膜内，使该部分的σ显著降低，而膜面其余部分仍然保持着原来较大的σ，这种在泡膜上的张力差异，使张力较强的部分牵引着张力较弱的部分，从而使泡破裂，如图4-54所示。

2.扩张观点

这种抗泡机理可用图4-55说明。首先是消泡剂小滴D侵入泡膜F内，使消泡剂小滴成为膜的一部分，然后在膜上扩张，随着消泡剂的扩张，消泡剂进入部分最初开始变薄，最后破裂。该观点认为消泡剂的作用与体系的自由能相关联。

3.渗透观点

这种观点认为，消泡剂的作用是增加气泡壁对空气的渗透性，从而加速泡沫合并，减小泡膜壁的强度和弹性，达到消泡目的。泡沫液膜的表面黏度高会增加液膜的强度。

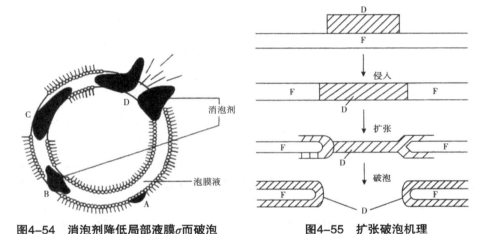

图4-54　消泡剂降低局部液膜σ而破泡　　　　图4-55　扩张破泡机理

第四节　油田污水处理技术

污水处理的目的主要有6个，即除油、除氧、除固体悬浮物、防垢、缓蚀、杀菌，因此除油剂、除氧剂、絮凝剂、防垢剂、缓蚀剂、杀菌剂均属污水处理剂。

各油田含油污水水质差异较大，净化处理要求不同，处理流程多样。以重力式污水处理流程为例（图4-56），污水经除油处理后投加混凝剂进行混凝处理，沉降分离絮体后得到混凝出水，再经缓冲、提升、过滤，在过滤出水加杀菌剂，得到净化水，用于回注。滤罐反冲洗排水回收加入污水原水进行处理，回收的油送至原油集输系统或作为燃料。可以看出，油田含油污水处理过程中涉及多种处理技术及处理剂。

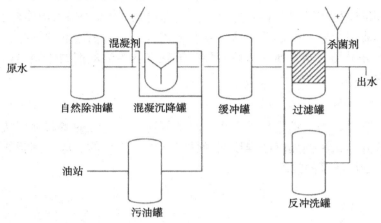

图4-56　重力式污水处理流程

一、除油

除油一般使用物理方法，包括重力除油、斜板除油、粗粒化（聚结）除油、旋流除油、气浮除油等技术。

除油过程中使用一些化学试剂可以提高除油效率。污水中的油以油珠的形态存在于水中，除油剂可以使它们易于在除油设备中聚集、上浮，从而得以去除。除油剂包括：

（1）阳离子型聚合物。例如羟基铝、羟基铁等，这些多核羟桥络离子可中和油珠表面负电性和桥接油珠，使油珠聚集、上浮。

（2）表面活性剂。例如烷基三甲基氯化铵、聚氧乙烯聚氧丙烯丙二醇醚等表面活性剂可以取代油珠表面原有的吸附膜，大大削弱其保护作用，从而使油珠易于聚集、上浮。

二、混凝过滤

混凝处理是利用化学药剂去除污水中的大部分胶体、固体悬浮物和部分溶解性有机物。混凝中使用的药剂称为混凝剂或絮凝剂。

絮凝剂包括：无机高分子絮凝剂、有机高分子絮凝剂、生物絮凝剂和复合絮凝剂。无机高分子絮凝剂结构易排列成有规则的微晶型，进而组成链状和分枝状，如碱式氯化铝（BAC）、聚合氯化铝（PAC）、聚合硫酸铝（PAS）、聚合硫酸铁（PFS）和聚合氯化铁（PFC）等。

有机高分子絮凝剂按照来源不同可以分为天然和人工合成两大类。

将存在于自然界或动植物体内的高分子物质如淀粉、纤维素、植物胶类和甲壳素等提取后进行改性，制备的产品称为天然高分子絮凝剂。人工合成高分子絮凝剂，是根据不同需求由人工制备的具有不同链长度和官能团的高分子絮凝剂，可以分为阳离子型、阴离子型、两性型和非离子型四大类型。在合成类有机高分子絮凝剂中，聚丙烯酰胺（PAM）及其衍生物应用最为广泛，占聚合型高分子絮凝剂总量的55%以上。

微生物絮凝剂包括微生物产生的代谢产物、微生物细胞壁提取物和微生物细胞，这些物质具有絮凝活性，能使固体悬浮物连接在一起，使胶体脱稳。目前，微生物絮凝剂原料、操作和设备研究还不够成熟，生产成本较高，仍然不能与无机、有机絮凝剂竞争。

无机、有机和微生物絮凝剂各有优点和不足。例如，无机聚合絮凝剂价格较低廉，但是其在水处理中聚合度及絮凝效果通常低于有机絮凝剂。对于复杂稳定的废水，单一絮凝剂的处理效果往往不太理想，因此，对于复合絮凝剂的研究越来越多。复合絮凝剂可以分为复配絮凝剂和复合使用絮凝剂。根据废水的水质和水况不同，使用两种或两种以上絮凝剂配合，利用其协同增效效果，可以提高絮凝效率，降低处理成本。

含油污水经混凝处理后，带有絮体（矾花）的污水进入混凝沉降罐进行沉降分离，油和部分悬浮物密度较小，上浮后被去除。絮体密度较大，下沉至罐底被除去。经沉降分离后，出水仍含有细小的絮体、悬浮物、胶体物质、乳化油和微生物等，可以进一步进行过滤处理。过滤过程中，污水缓慢流经多孔介质组成的具有一定厚度的过滤床/池，杂质被吸附在多孔滤料表面，随着过滤进行，杂质储集在滤料表面形成层膜。要提高过滤效果，同时提升过滤阻力，需定期对滤料进行反冲洗清理。滤料需具有足够的机械强度、化学稳定性，且来源广泛、价格合理，具有一定的孔隙度、外形为球状、较大的比表面积。常用的滤料包括石英砂、核桃壳、活性炭、无烟煤、陶粒、聚氯乙烯颗粒等，过滤效率与滤料的材质、孔径、粒径等相关。针对处理水质不同，可由不同材质、粒级的滤料组合成双层、三层滤料池，为防止滤料流失，底部还需设置承托层。

三、防腐缓蚀

油田含油污水矿化度高、含有腐蚀性气体和微生物，与输送设备、处理设备接触时，会产生化学、电化学腐蚀，破坏设备。为了防止金属设备腐蚀，可以投加缓蚀剂。在腐蚀介质中添加少量物质就能防止或减缓金属的腐蚀，这类物质称为缓蚀剂。根据缓蚀剂对电极过程的抑制作用可以将其分为三类：

（1）阳极型缓蚀剂。具有氧化性，能使金属表面钝化而抑制金属溶蚀，如重铬酸盐、钼酸盐、亚硝酸盐、水杨酸盐等。

（2）阴极型缓蚀剂。能减少或消除去极化剂或增加阴极反应过电位，如肼、联胺、亚硫酸钠、砷盐、汞盐等。

（3）混合型缓蚀剂。可以同时减缓阴、阳极反应速度，也称为掩蔽型缓蚀剂。能直接吸附或附着在金属表面，或由次生反应形成的不溶性保护膜使金属与腐蚀介质隔离。混合型缓蚀剂如硫酸锌等。

缓蚀剂种类繁多，机理错综复杂，主要包括电化学理论、吸附理论和成膜理论。油田中使用效果较好的缓蚀剂包括含氢有机化合物、脂肪胺及其盐类、酰胺及咪唑啉类等。腐蚀介质的性质不同，需选择不同的缓蚀剂。例如，抑制硫化氢腐蚀可以用脂肪胺类缓蚀剂，抑制二氧化碳腐蚀可以用咪唑啉类缓蚀剂。在进行现场投加之前，要先进行室内挂片实验，确定合适的缓蚀剂种类、投加量和投加方式。

四、除垢防垢

油田含油污水含有较高浓度的碳酸盐、硫酸盐、氯化物，当温度、压力、溶解气等条件改变时会打破离子平衡形成碳酸钙、硫酸钙等水垢，与污水中有机质、腐蚀产物等一起混合后堵塞管线，增大摩阻，增加能耗，影响正常生产。

油田水常见的水垢有碳酸钙垢、碳酸镁垢、硫酸钙垢、硫酸钡垢、铁沉淀物。

油田常用的防垢剂包括：

（1）磷酸盐类。包括无机磷酸盐和有机磷酸盐，无机磷酸盐如磷酸三钠、焦磷酸四钠等可以有效防碳酸钙垢，但是易随温度升高而快速水解与钙离子形成难溶的磷酸钙，适用温度不高于80℃。有机磷酸盐如氨基三甲基膦酸（ATMP）、羟基亚乙基二膦酸（HEDP）、乙二胺四甲基膦酸（EDTMP）等不易水解，防垢效果和配伍性好，使用广泛。

（2）聚合物类。聚合物防垢剂中聚马来酸酐（HPMA）具有防碳酸钙、硫酸钡的能力，此外，还有聚丙烯酸（PAA）、聚丙烯酰胺（PMA）等聚合物防垢剂。

两种或两种以上防垢剂可复配使用，以期协同增效。防垢剂的作用机理包括：

（1）分散作用。聚合物防垢剂具有较高的电荷密度，共聚物还具有表面活性，成垢晶核分散稳定，起到防垢的效果。

（2）掩蔽作用。螯合或络合防垢剂结合能形成沉淀的金属离子，抑制金属离子与阴离子形成沉淀。

（3）絮凝作用。混凝剂长分子链吸附成垢晶核形成絮体去除，起到防垢的效果。

（4）改变晶形。防垢剂进入晶体结构，改变原来的晶形，使晶体不能继续增大，防止晶体垢形成。

五、杀菌

油田含油污水含有大量有机污染物，为细菌生长提供了条件，而细菌滋生及其代谢物会导致腐蚀、堵塞处理设备和管线。常见的有害菌包括硫酸盐还原菌（SRB）、腐生菌（TGB）、铁细菌（FB）等。

硫酸盐还原菌在厌氧条件下把水中的无机硫酸盐还原成硫化氢，腐蚀设备、管线，腐蚀产物硫化亚铁可进一步引起堵塞。腐生菌及其产生的黏液与其他杂质混合在一起形成细菌黏泥，附着、堵塞管线和设备。

常用的杀菌剂包括：

（1）氧化型杀菌剂。这类杀菌剂在水中通过强烈的氧化作用破坏细菌细胞的结构而杀菌。

①氯气。氯气是油田常用的氧化型杀菌剂，氯在水中产生次氯酸，次氯酸分解产生原子态氧，进入细菌细胞，氧化破坏细菌代谢系统而杀菌。②二氧化氯。二氧化氯是一种广谱型杀菌剂，对病原微生物、异养菌、硫酸盐还原菌、真菌等均有较高的杀灭作用。二氧化氯在水中也可产生原子态氧，其氧化能力是氯气的2.5倍，在水中的扩散速度比氯快，渗透能力也比氯强，具有较好的杀菌效果和应用前景。③臭氧。臭氧（O_3）是氧气的同素异形体，由一个氧分子携带一个氧原子组成，具有不稳定性和很强的氧化能力。此外，高铁酸钾、高锰酸钾、氯铵、次氯酸钠等也可以通过氧化作用杀菌。氧化型杀菌剂杀菌效果好、价格低、来源广，但其效果维持时间短、稳定性较差。

（2）非氧化型杀菌剂。可分为非离子型和离子型。非离子型杀菌剂如有机醛类、含氧类化合物、杂环化合物等，主要是靠渗透到细菌细胞内或与细菌的组分络合来杀菌。

离子型杀菌剂包括季铵盐类、季磷盐等。其中，季铵盐是目前使用广泛、有效的阳离子杀菌剂之一，不仅具有杀菌效果，对黏泥也有很好的剥离效果。

季铵盐进行改性可以得到双季铵盐、聚季铵盐等阳离子聚合物杀菌剂。例如长链叔胺与1, 3–二溴丙烷在溶剂乙醇中反应合成双季铵盐。

在催化条件下，二氯乙醚与四甲基乙二胺可发生共聚反应合成聚季铵盐类。

杀菌剂作用机理包括影响菌体酶活性、抑制蛋白质合成、破坏细菌细胞壁、阻碍核酸合成等。将两种及两种以上杀菌剂与表面活性剂复配得到的复合型杀菌剂，各单剂之间协同增效，提高杀菌能力。

六、除氧

污水中的溶解氧会加剧金属腐蚀，应将其去除。常用的除氧剂及机理如下：

（1）亚硫酸钠。

$$2Na_2SO_3 + O_2 \longrightarrow 2NaSO_4$$

（2）甲醛。

$$2CH_2O + O_2 \longrightarrow 2HCOOH$$

（3）联氨。

$$NH_2—NH_2 + O_2 \longrightarrow N_2 + 2H_2O$$

（4）硫脲。

$$4NH_2-\overset{\overset{\text{S}}{\|}}{C}-NH_2 + O_2 \longrightarrow 2 \overset{\overset{\text{HN}}{\|}}{\underset{H_2N}{C}}-S-S-\overset{\overset{\text{NH}}{\|}}{\underset{NH_2}{C}} + 2H_2O$$

（5）异抗坏血酸。

$$2 \begin{matrix} HO-C-CH-CH-CH_2OH \\ HO-C \quad O \quad OH \\ C \\ O \text{（异抗坏血酸）} \end{matrix} + O_2 \longrightarrow 2 \begin{matrix} O=C-CH-CH-CH_2OH \\ O=C \quad O \quad OH \\ C \\ O \end{matrix} + 2H_2O$$

第五节　油田污泥处理技术

含油污泥是石油开采、储存、运输、炼制和处理含油污水过程中产生的固体含油废物，是石油化工中的主要污染物之一。随着石油与天然气开发力度的加大，含油污泥的产量日渐增多。由于它含有多种有害物质，如油、芳烃等，处理不当会导致大气、土壤和地下水受到污染，严重危害人类健康。如果能对其油分进行合理的回收利用，不仅可以实现资源化利用，而且能减轻环境污染，对资源与环境都具有良好的效益。

目前，油田含油污泥的处理备受关注，含油污泥主要是源于原油开采、油田集输和炼油厂污水处理过程产生的三泥，它既是生产中的废物，又是宝贵的二次资源，对油泥进行资源化处理是国内外专家共同关注的环保难题。现今国内外的处理方法主要有：溶剂萃取法、调质-机械分离法、焚烧法、化学破乳法以及含油污泥综合利用等。

一、萃取技术

萃取技术是国内外研究并已成功应用的一种油田含油污泥处理技术，是利用油泥中的不同组分在有机溶剂中溶解度不同，据"相似相溶"原理，用萃取剂将含油污泥中的原油萃取回收的技术，而且回收后的原油可直接利用，剩余泥水经进一步处理后也可再利用，达到资源化利用的目的。目前国内外常用萃取溶剂主要有轻质煤焦油、石油醚、石脑油、轻质油、苯、甲苯、丁酮或宽沸程组合溶剂。针对含油量大的含油污泥，有时一次萃取处理后其中的油分不能完全被萃取出来，效果不理想，此时可采用多级萃取的工艺流程，并选择大分子量的取剂，一般经多级萃取处理的含油污泥，其脱油率可达90%以上。

溶剂萃取技术是一种较好的资源加工技术，主要优点是处理效果较好，可以回收大部分原油，功耗低，易于使用和管理；缺点是萃取剂价格不便宜。溶剂萃取技术广泛使用的基础是开发价格低廉的萃取剂。

二、调质-机械分离技术

调质-机械分离法是将污泥通过一定手段调整固体粒子群的性状和排列状态，使之适合机械分离处理，从而显著改善脱油效果。笔者通过对大庆油田含油污泥性质的研究和分析，采用调质-机械分离法，对含油污泥进行综合调质，考察了调质方式对污油回收效果的影响，并确定了调质条件。该方法回收了资源、减轻了环境污染，为含油污泥的现场处理提供了依据。

（一）实验

含水率的性质测定采用国家标准水-油混合体系含水率的测定方法；含油率的测定采用索式提取-分光光度法；剩余的杂质（有机物和挥发性物

质）经过滤、洗涤、烘干和静置，称重得泥沙量，即含泥率。取5g含油污泥，加入一定比例的清水，在加热的条件下，加入定量的破乳剂和絮凝剂进行离心分离，离心后测污泥中的含油量。

（二）结果与分析

实验用含油污泥取自大庆油田含油污水处理后的污泥，外观呈黑色黏稠状，有强烈的恶臭味，经测定其含水率为55.42%、含油率为14.72%、含泥率为29.56%。

由于现有含油污泥放置时间长，直接加药会导致搅拌不均匀，增加处理成本，若投加一定的清水则可以增加油珠和水珠接触的机会，有利于油滴更快地浮在水相上层并分离出油相。因此，加一定比例的清水可以更好地均化样品，降低处理难度，处理前需要确定清水的加量。50℃下加入破乳剂5mg/L，固液比对脱油率影响如图4-57所示。由图4-57可知，理想的固液比为1∶4。根据破乳剂的剥离和乳化作用，对破乳剂进行筛选，通过实验现象及其脱油效果，筛选效果较好的SP和9921型破乳剂进行实验。

加热温度50℃、连续搅拌5min，破乳剂SP和9921的用量对脱油率的影响如图4-58所示。

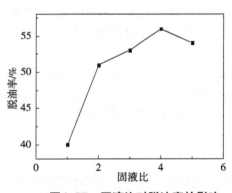

图4-57　固液比对脱油率的影响

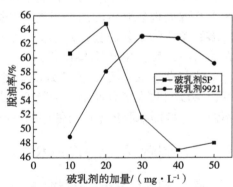

图4-58　破乳剂加量对脱油率的影响

由图4-58可知，当破乳剂SP加量为20mg/L时，脱油率达到最高，而破乳剂9921加量为30mg/L时，脱油率达到最高。综合两种破乳剂对脱油量的影响，破乳剂用量较少时，破乳剂分子以单体形式吸附在相界面上，脱油率与加量成正比，此时油水界面张力随破乳剂的增加而迅速下降，脱油率也逐渐增大；当破乳剂的加量增大到一定值时，界面吸附趋于平衡，此时界面张力几乎不再下降，脱油率也基本达到最大值，若再增加破乳剂的用量，破乳剂分子开始聚集形成团簇或胶束，反而使界面张力有所上升，脱油率可能会下降。因此，破乳剂用量均有最佳值，选定破乳剂SP，用量为20mg/L。

在实验条件一定的情况下，温度对脱油率的影响如图4-59所示。由图4-59可知，温度是影响含油污泥脱油效果的一个主要因素，随着温度的升高，脱油率不断提高，因为颗粒的热运动加剧，增加了颗粒间的碰撞，使相界面破裂，同时加热可使外相黏度降低，易使聚集的油滴上浮，有利于污泥的调质脱油，从节约能源的角度考虑，适宜的温度为50℃。

搅拌时间对脱油率的影响如图4-60所示。由图4-60可知，搅拌也是影响含油污泥处理效果的主要因素之一，搅拌可以加速含油污泥表面泥沙的脱落，有利于油滴从含油污泥中分离，使油滴更快地浮在水面上层，随着搅拌时间的增加，脱油率不断增加，最佳的搅拌时间为5min。

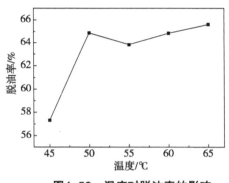

图4-59　温度对脱油率的影响

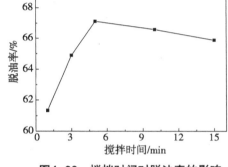

图4-60　搅拌时间对脱油率的影响

由于污泥颗粒本身带负电荷，相互排斥，加入絮凝剂后降低了粒子的Zeta电位，使粒子相互吸引形成絮团，絮凝剂本身的吸附架桥作用又把许多絮状物吸附起来，形成更大的颗粒，在离心力的作用下油滴上浮，泥相下沉。

含油污泥经破乳加热搅拌后，可以使油相上浮。为了使泥相更快下沉，水相澄清，可加入絮凝剂进行综合调质，在相同条件下，污泥调质用絮凝剂的筛选结果见表4-30。

表4-30　调质用絮凝剂的筛选

絮凝剂	NXJ3	FX-99	PAC	CPAM	明矾	硅藻土	PSAC
相界面	齐	齐	齐	齐	较齐	较齐	齐
沉降速度	较快	较快	快	快	较快	—	较快
透光率/%	15.8	4.2	30.2	78.8	10.0	0.3	28.8
脱油率/%	45.32	36.51	52.98	26.25	59.21	55.65	48.83

由表4-30可知，CPAM使水的透光率达到最高值，且颗粒沉降最快，明显优于其他絮凝剂，从调质效果上考虑选定CPAM作为调质用絮凝剂。而明矾和PAC的脱油效果相对较好。

絮凝剂CPAM、明矾、PAC的用量对调质效果的影响如图4-61、图4-62所示。由图4-61可知，当CPAM加量达到2mg/L时，脱油率最大，实验现象表明CPAM具有形成絮团速度快、絮团粗大等特点，脱油率随着CPAM加量的增加而下降，这是因为CPAM加量越多，形成的絮凝体越黏稠，不利于脱油，加入药剂过少，电性中和少，吸附架桥作用较弱，污泥聚不成团，油、水、泥的分离效果不够好，亦不利于脱油。因此，絮凝剂CPAM加量为2mg/L时脱油效果最佳。由图4-62可知，脱油率随明矾和PAC两种药剂加量的增加而增加，明矾的加药量在40mg/L时脱油率最大；PAC的加药量在50mg/L时脱油率最大。从经济性和脱油效果两方面确定较好的絮凝剂为明矾，其加量为40mg/L。

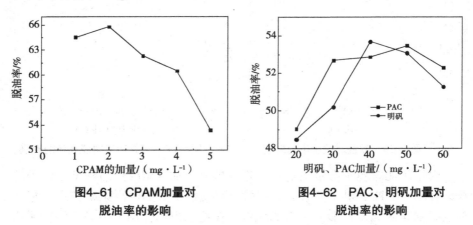

图4-61　CPAM加量对脱油率的影响　　　　图4-62　PAC、明矾加量对脱油率的影响

温度保持50℃，连续搅拌5min，将絮凝效果较好的明矾与CPAM进行复配，明矾与CPAM的复配对脱油率的影响如图4-63所示。由图4-63可知，明矾加量40mg/L与2mg/L的CPAM复配使脱油率达到了78.91%，由此可知复配调质较单絮凝剂调质脱油率有较大提高，因此，二者复配调质更有利于含油污泥脱油。

在调质-机械分离方法中，适宜的操作参数可提高离心机的脱油效果，含油污泥离心脱水时，主要影响因素是离心时间和离心速度。离心时间对脱油率的影响如图4-64所示。由图4-64可知，离心时间为20min时脱油率达到峰值，达到峰值后脱油率随离心时间延长提高得并不明显，因此最佳离心时间为20min，此时脱油率几乎为最佳值。

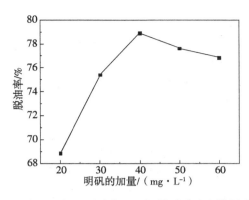

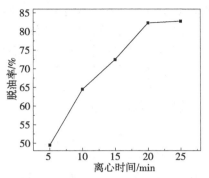

图4-63　复配调质中明矾加量对脱油率的影响　　**图4-64　离心时间对脱油率的影响**

离心转速对脱油率的影响如图4-65所示。由图4-65可知，随离心转速的增加脱油率呈增加趋势，这是因为转速越高，油水所受离心力越大，离心沉降速度越快，分离效果越好，含油污泥的脱油量也随之增加，但当离心速度达到一定值时，脱油量会达到峰值。达到峰值后随离心转速的增加脱油量变化不大，因此最佳离心速度为2500r/min，此时脱油率达到了90.96%。

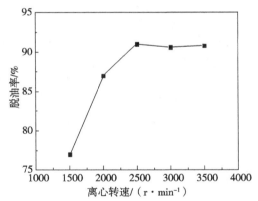

图4-65　离心转速对脱油率的影响

三、焚烧技术

含油污泥焚烧处理通常分三个阶段进行：干燥、热分解和燃烧，高温加热、完全燃烧的油污泥中的油和有机物等充分燃烧，最后生成灰渣。焚烧含油污泥，效果最理想，它可以碳化油泥中的所有有机物，细菌、病原体被杀死，同时重金属离子可固化在灰渣中，减少了对环境的危害。在燃烧含油污泥时，会释放出大量热能可将其回收利用于其他工业生活中，比如供热等，也可用于焚烧中以降低焚烧费用。

焚烧技术在彻底处理含油污泥的同时，原油、污泥等宝贵的资源被浪费了，没有回收再利用，而且焚烧过程中产生的有害气体、黑烟等会进入大气，造成环境的二次污染，需要经进一步净化达标后再排放。

四、冻融技术

冻融技术是较早出现的处理含油污泥的物理方法，先在冷冻环境中破坏污泥的结构，去除内部水分，改变油对矿物颗粒的附着力，破坏污泥颗粒电位层结构，使原有的小颗粒由初期结晶为晶核到聚集成大颗粒，再进行融解过程，由于油、水、泥三相熔点有差异，因而在融解时析出顺序不同，且分层明显，进而可以将三相分离。

冻融技术可以清洁、高效地处理石油钻井泥浆。对于北美、加拿大、中国北方等寒冷地区，这种方法简单、适用、成本低廉。但对于不具备自然低温气候地区，应用此技术需要消耗大量能源，成本较高，显然不合宜。

五、焦化技术

焦化技术处理含油污泥是将含油污泥作为原料投入焦化装置中，对含油污泥中的重质油利用焦化技术进行处理，一方面直接处理可以得到汽油、柴油、蜡油等矿物油，另一方面向含油污泥中加入适量添加剂，控制焦化过程中的焦化反应条件，最后可得到含碳吸附剂。在焦化处理过程中产生的石油焦、轻质裂解烃类等产物可作为燃料使用，虽然焦化工艺复杂，投资较大，但是含油量大于50%且重质油组分含量多的含油污泥可以得到有效处理。

六、生物降解技术

生物降解技术是微生物利用石油烃类作为碳源进行同化降解，使油泥中的复杂有机物分解为简单无机物，最终矿化完全，转变为CO_2和H_2O。按降解机理可分为两种途径：一是向含油污泥中投放菌种和营养物质，对油等有机物进行高效降解，使其分解；二是曝气，向其中投加含有N、P的营养物质，增强体系中微生物菌群的生物活性，增强其代谢能力，目前主要的生物降解技术有生物地耕法、生物堆肥法、生物反应器法、生物强化法、生物浮选法等。

利用生物降解技术处理含油污泥是对自然过程的强化，因此具有能耗低、投资成本低、降解速度快、污染物永久消除、长期避免潜在危害和影

响低等特点。但该技术处理时间长，受微生物菌种等自然条件影响，油泥
资源处理效率不高，限制了该技术的推广和应用，有待未来进一步研究。

七、填埋法

填埋法是将含油污泥直接埋入填埋场，或将含油污泥处理后再埋入填
埋场的一种方法。一般填埋处理流程为：处理过的含油污泥经摊开推平后
压实，最后覆盖土壤再压实。填埋法既使含油污泥中的原油资源流失，又
对环境造成了污染，因此含油污泥必须进行有效处理。

八、固化技术

固化技术是通过向含油污泥中添加固化剂，将其包容固化在惰性固化
基材中的一种无害化处理技术，其中所使用的添加剂可改变含油污泥的物
理性质，并且降低含油污泥的毒性和到生物圈的迁移率。固化技术对含油
量低、含盐量高的含油污泥具有较好的处理效果，能较大程度地减少含油
污泥中有毒有害物质对环境的污染，但固化技术所使用的固化材料费用较
高，且处理后又增加了废物总量，污染物有渗出的危险，因此固化技术应
用还需要进一步研究。

九、调剖技术

调剖技术是向含油污泥中加入适量化学药剂，悬浮油泥中的固体颗
粒、延长悬浮时间，使含油污泥均匀分散，形成稳定的乳状液，即得到配
伍的污泥调剖剂，再将其用于油田注水井的调剖中。加入药剂处理后的含
油污泥用作调剖剂，增加注入深度，提高封堵强度，可有效封堵注水井的
高渗透层带，调整吸水剖面，增加注入水的渗流阻力，使其改变渗流方
向，提高注入水的有效率，减缓油井含水的上升速度，达到增油降水的目
的。含油污泥回灌地下，既处理了含油污泥，又对注水井起到增油的效
果，并且调剖剂具有抗高温、抗盐、抗剪切等良好性能，因此，调剖技术
在各大油田有着广泛应用。

十、有机阳离子絮凝剂的制备及用于含油污泥脱油效果研究

含油污泥的产出量随着石油与天然气开采力度的加大而日渐增多，在
含油污泥处理中，通过投加高效适宜的絮凝剂对污泥进行调质是处理的关
键。絮凝剂主要有无机、有机和微生物絮凝剂，阳离子型有机高分子絮凝

剂是一种重要的高分子絮凝剂，因其分子链中存在大量正电荷，不仅可以通过吸附架桥与电中和作用使带负电荷的胶体颗粒絮凝沉降，而且可以与表面带负电的物质反应，使污染物得以去除，合成阳离子型有机高分子絮凝剂是近年来的研究趋势。环氧氯丙烷与胺的共聚物作为有机阳离子絮凝剂，能在含氯分散相的水分散体系中使用而不与氯化物起作用，并具有良好的絮凝效果，该共聚物作为絮凝剂应用于含油污泥的热洗处理中未见报道。

本节以环氧氯丙烷（ECH）、三乙醇胺（TEA）为主要原料，加入交联剂三乙烯四胺（TETA）制备有机阳离子絮凝剂。采用单因素及正交实验确定制备的最佳工艺条件，并对其进行红外表征以及应用于含油污泥热洗法处理中，考察其对含油污泥脱油率的影响。

（一）实验

1. 试剂及仪器

试剂：环氧氯丙烷，分析纯，天津市耀华化工厂；三乙醇胺，分析纯，天津市耀华化工厂；三乙烯四胺，实验试剂，北京化工厂；含油污泥：汽油93#，现场破乳剂1#，现场絮凝剂1#、2#。

仪器：数显恒温水浴锅；紫外分光光度计；恒温干燥箱；电子天平；恒温磁力搅拌器；傅里叶红外光谱仪。

2. 含油污泥基本性质分析

实验采用索式提取–分光光度法测定含油率，在420nm波长下，以93#汽油为参比测定吸光度，绘制标准曲线，从标准曲线上查出对应的含油量，计算含油率。含水率的测定采用国家标准水–油混合体系含水率的测定方法：剩余杂质经过滤洗涤，再烘干静置，最后称重得泥沙量，即为含泥率。

3. 共聚物的制备

（1）制备工艺。向置于30℃恒温水浴中的500mL三口瓶内加入三乙醇胺和一定量的水，在搅拌同时缓慢滴加定量的环氧氯丙烷，滴加完毕后，再加入定量的三乙烯四胺，整个滴加过程约1.5h，继续搅拌并且缓慢升温至设定温度，恒温反应一定时间得到淡黄色蜜状液体。

（2）单因素实验。通过控制单一变量分别考察交联剂三乙烯四胺用量 m（TETA）$/m$（ECH+TEA）=1%~5%对脱油率的影响，环氧氯丙烷与三乙醇胺配比为（1:1）~（5:1）对脱油率的影响，聚合反应温度50~90℃对脱油率的影响，聚合反应时间5~9h对脱油率的影响。

（3）正交实验。依据聚合单因素实验结果，以共聚物对含油污泥的脱油率为指标，制定相应的四因素三水平正交表L_9（3^4），确定聚合物的最佳合成工艺条件。

4.共聚物的性能评价

（1）共聚物的结构表征。采用KBr压片制样，通过MB154S型傅里叶红外光谱仪对聚合产物进行结构表征。

（2）最佳用量确定。将共聚物配制成不同浓度的溶液，应用于含油污泥热洗处理中，测定含油污泥脱油率，确定絮凝剂最佳用量。

（3）pH对脱油效果影响。调节溶液酸碱度，在不同pH下处理相同质量的含油污泥，考察含油污泥脱油率，确定絮凝剂适用的pH。

（4）脱油效果对比。在相同的热洗条件下处理相同的含油污泥，以最佳投药量为前提，通过破乳剂与絮凝剂复配，与两种现场絮凝剂进行对比，考察含油污泥的处理效果。

5.共聚物作用机理分析

采用S-4800型扫描电镜观察共聚物加入前后污泥微观形态，分析其作用机理。

（二）结果与分析

1.含油污泥基本性质检测

实验所用含油污泥，外观为黑色黏稠状，有较浓烈的挥发刺激性气味。测得含油污泥的含水率为30.67%、含油率为13.98%、含泥率为54.09%。

2.含油污泥热洗工艺流程

根据含油污泥热洗法处理工艺条件及实验过程，设计工艺流程见图4-66。

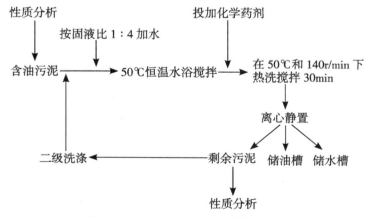

图4-66 热洗法处理含油污泥工艺流程

3.单因素实验

（1）环氧氯丙烷与三乙醇胺配比对脱油率的影响。投加不同ECH与TEA摩尔比合成的絮凝剂，对相同质量的含油污泥进行处理，三乙烯四胺用量占环氧氯丙烷与三乙醇胺总质量3%，温度为60℃下反应6h，以脱油率为指标，考察不同配比下的絮凝剂对含油污泥脱油效果的影响，实验结果见图4-67。由图4-67可知，ECH与TEA摩尔比对脱油率的影响较大。反应过程中，增加环氧氯丙烷的用量，反应产生的阳离子基团随之增多，利于絮凝沉降。当ECH与TEA摩尔比在3∶1以下时，产物的絮凝效果并不理想，脱油率在50%以下；摩尔比超过3∶1以后，脱油率曲线呈上升趋势；摩尔比为4∶1时，脱油率达到峰值。由此可见，ECH与TEA摩尔比过大或过小均不利于脱油，确定ECH与TEA最佳摩尔比为4∶1。

（2）交联剂三乙烯四胺用量对脱油率的影响。在环氧氯丙烷与三乙醇胺摩尔比为4∶1，温度为60℃下反应6h，考察交联剂三乙烯四胺用量对含油污泥脱油效果的影响，结果见图4-68。由图4-68可知，三乙烯四胺用量对脱油率的影响较大。反应过程中，由于三乙烯四胺的加入，分子链发生交联，随其用量增加，聚合程度逐渐增大，但用量过大，会使聚合产物凝胶化，水溶性变差。三乙烯四胺用量在3%时，含油污泥的脱油率达最大值。因此，确定三乙烯四胺最佳用量为3%。

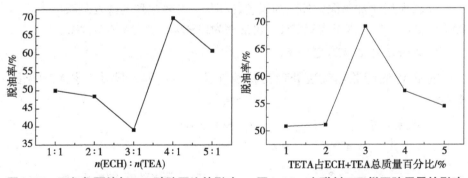

图4-67　环氧氯丙烷与三乙醇胺配比的影响　　图4-68　交联剂三乙烯四胺用量的影响

（3）反应温度对脱油率的影响。在环氧氯丙烷与三乙醇胺摩尔比为4∶1，三乙烯四胺用量为3%，反应时间为6h的条件下，考察反应温度对含油污泥脱油率的影响，实验结果见图4-69。由图4-69可知，在絮凝剂的合成过程中，三乙烯四胺与环氧基的反应为亲核取代反应，低温不利于反应物分子活化，同时不能提供足够能量克服分子间的空间位阻，致使反应缓慢。因该反应为放热反应，温度过高会阻碍反应正向进行，因此确定最佳反应温度为60℃。

（4）反应时间对脱油率的影响。在环氧氯丙烷与三乙醇胺摩尔比为4：1，三乙烯四胺用量为3%，反应温度为60℃的条件下，考察反应时间对含油污泥脱油率的影响，实验结果见图4-70。由图4-70可知，聚合产物对含油污泥脱油率的影响随反应时间的延长而增大，当反应时间为6h时达到最高值，延长反应时间对脱油率的影响不大，说明已基本反应完全，故确定最佳聚合反应时间为6h。

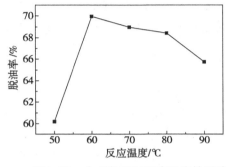

图4-69　合成絮凝剂反应温度的影响

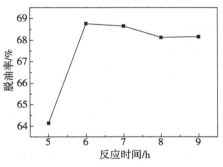

图4-70　合成絮凝剂反应时间的影响

4.正交实验

依据单因素实验结果制定正交实验因素及水平表，见表4-31。

表4-31　正交实验结果

序号	n（ECH）/ n（TEA）	m（TETA）/ m（ECH+TEA）	反应温度/℃	反应时间/h	脱油率/%
1	3：1	0.02	50	5	34.67
2	3：1	0.03	60	6	39.82
3	3：1	0.04	70	7	36.71
4	4：1	0.02	60	7	60.86
5	4：1	0.03	70	5	67.54
6	4：1	0.04	50	6	62.48
7	5：1	0.02	70	6	55.71
8	5：1	0.03	50	7	57.89
6	5：1	0.04	60	5	56.97
K_1/%	37.07	50.41	51.68	53.06	—
K_2/%	63.63	55.08	52.55	52.67	—
K_3/%	56.86	52.05	53.32	51.82	—
R/%	26.23	4.67	1.64	1.24	—

由表4-31可看出，反应物的摩尔比即环氧氯丙烷与三乙醇胺的摩尔比，对含油污泥脱油率的影响最大；其次是交联剂三乙烯四胺用量对脱油率的影响，三乙烯四胺为强碱性试剂，在一定配比下有利于环氧基与三乙醇胺的反应；另外，反应温度与反应时间均对脱油率都有不同程度的影响。4个因素的极差 R 影响大小顺序为：环氧氯丙烷与三乙醇胺的摩尔比>交联剂三乙烯四胺的用量>反应温度>反应时间。分析各因素的水平数值，确定最佳合成条件为：$A_2B_2C_2D_2$，即 n（ECH）/ n（TEA）=4：1，m（TETA）/ m（ECH+TEA）=0.03，反应温度为60℃，反应时间6h，脱油率为68.03%。

5.共聚物红外光谱图分析

确定合成絮凝剂的最优水平为 $A_2B_2C_2D_2$，其红外谱图见图4-71。

由图4-71可知，出现于3349.82cm^{-1}处的特征吸收峰为—OH的伸缩振动吸收峰；2952.89 cm^{-1}处为—CH$_2$的伸缩振动吸收峰；1073.91cm^{-1}处的特征吸收峰为C—O—C键的伸缩振动吸收峰；1041.16cm^{-1}处证明存在伯—OH；942.54cm^{-1}处有弱的吸收峰，为季铵盐—CN的特征吸收峰；1642.51cm^{-1}为氨基N—H键的吸收峰；1435.76cm^{-1}和742.79cm^{-1}为三元环氧环的特征吸收峰。由以上分析可以推断出，合成的共聚物结构中含有羟基、环氧基和季铵盐等基团，为所需要的目标产物。

6.共聚物作为絮凝剂在含油污泥热洗处理中的应用

（1）絮凝剂最佳用量。通过处理相同质量的含油污泥，考察絮凝剂加量对含油污泥脱油率的影响，结果见图4-72。由图4-72可知，含油污泥脱油率随投药量的变化较大，在160mg/L以下，随投药量增大，脱油率上升，当药剂加量为160mg/L时，脱油率为68.97%，已得到较满意的脱油效果，之后再加大投药量脱油效果反而下降，且造成絮凝剂的浪费。综上所述，最佳投药量为160mg/L。

（2）pH对脱油效果的影响。考察不同pH下，处理相同质量的含油污泥的脱油率，确定最佳pH，结果见图4-73。pH对含油污泥脱油率的影响，主要表现在污泥颗粒的电荷和电泳速度随pH的变化方面，pH对颗粒电荷的影响主要为对絮体成长和沉降量的影响。由图4-73可知，含油污泥的脱油率随pH在2~7的增加而增加，pH>7以后，脱油率逐渐降低。含油污泥处理中pH的选择是综合各种因素考虑后的最终结果，实验得出最佳pH为7。

（3）与其他絮凝剂效果对比。筛选两种现场絮凝剂与实验合成絮凝剂进行对比，通过热洗法处理含油污泥，以脱油率为指标，对比结果见图4-74。由图4-74可以看出，合成絮凝剂的脱油效果已达到现场絮凝剂的脱油效果，并且较两种现场絮凝剂的絮凝效果略好，同破乳剂复配，脱油率达到82.83%，可用作热洗法处理油田含油污泥的絮凝剂。

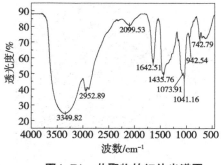

图4-71　共聚物的红外光谱图

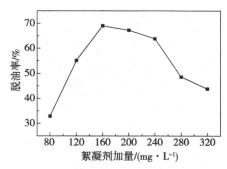

图4-72　絮凝剂加量的影响

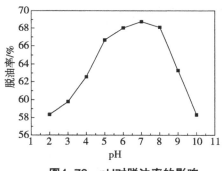

图4-73　pH对脱油率的影响

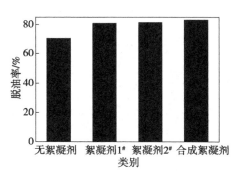

图4-74　热洗处理中不同絮凝剂与
破乳剂1#复配的影响

7. 共聚物加入前后含油污泥扫描电镜图及作用机理

添加共聚物絮凝剂处理前后含油污泥扫描电镜结果对比见图4-75。

由图4-75可看出，加入絮凝剂前后含油污泥微观结构发生较大变化，未加絮凝剂时含油污泥微观结构呈无规则状，颗粒间孔隙较多，排列较疏散，含有一定量水分，加入絮凝剂后，颗粒排列致密，絮体团聚性增强，一定量的水和油被脱除，污泥含油率降低，说明共聚物对含油污泥有良好的絮凝效果，促使污泥脱油脱水。

添加絮凝剂后，共聚物分子长链基团携带的正电荷强烈地吸附在颗粒表面，中和带负电荷的污泥颗粒，克服颗粒间静电斥力，使之脱稳，经电中和作用，絮体颗粒较大程度凝聚。其中共聚物含有的季铵基团，对负电荷不仅起到电中和作用，还可使油泥中的病毒、微生物发生聚沉；被凝聚的颗粒彼此靠近，多个颗粒吸附在分子链的活性基团上，进而增强了颗粒间的吸附架桥能力，分子链伸展，形成桥链状粗大絮凝物，促使污泥颗粒絮凝沉降。

（a）未添加絮凝剂（放大1200倍）　　　（b）添加絮凝剂（放大1200倍）

图4-75　添加絮凝剂前后含油污泥SEM图

146

第五章　油田化学先进技术的发展与应用

无论是复杂地区的油气勘探、老油区的增储上产，还是勘探开发过程中的环境保护，都需要有先进的新技术。本章主要对微生物采油技术、含油污泥资源化利用技术、稠油地下改质技术，以及石油化学可持续发展理念与"绿色"化学展开详细叙述。

第一节　微生物采油技术

微生物采油技术是指通过引入或刺激油藏中的微生物，来提高原油采收率的技术，也称为微生物强化采油［Microbial Enhaced（Improved）Oil Recovery，简称MEOR或MIOR］技术。

一、微生物采油机理

如表5-1所示为与微生物反应产物相关的采油机理。

表5-1　与微生物反应产物相关的采油机理

微生物反应产物	微生物	在EOR中的作用
气体（氢、氮、甲烷、二氧化碳）	梭菌、肠杆菌、甲烷细菌属、脱磷弧菌属	提高储层压力、使石油膨胀、驱替不可动石油、降低石油黏度、通过溶解碳酸盐提高渗透率
酸（低相对分子质量脂肪酸、甲酸、丙酸、丁酸等）	梭菌、混合盐酸谷氨酸、脱硫弧菌属、杆菌	通过溶解碳酸盐沉淀增加孔隙度和渗透率、因黏土运移而降低渗透率、增强乳化能力、通过与碳酸盐矿物反应生成二氧化碳而降低石油黏度和使油滴膨胀

续表

微生物反应产物	微生物	在EOR中的作用
溶剂（丙醇、丁醇、丙酮、丙二醇等）	梭菌、发酵单胞菌属、克雷白氏杆菌属、节细菌属	通过溶解石油中的沥青和重质成分而降低石油黏度、通过溶解孔喉中的重质成分而增加石油的渗透率，发挥助表面活性剂的作用
生物表面活性剂（乳状液和阿拉善、表面活性肽、鼠李糖脂、地衣素、糖脂、黏液菌素、海藻糖等）	不动杆菌属、杆菌、假单胞菌、红球菌属、节细菌属、棒状杆菌属、梭菌、分枝杆菌、诺卡氏菌属	起表面活性剂的作用，例如减少IFT、降低剩余油饱和度、改变润湿性、乳化原油等
生物聚合物（黄原胶、支链淀粉、果聚糖、热凝胶、右旋糖酐、硬葡聚糖等）	黄单胞菌属、短梗霉属、杆菌、产碱菌属、明串珠菌属、菌核短杆菌属、肠杆菌	起聚合物的作用，例如增加驱替水的黏度、封堵高渗通道
生物质（絮状物或生物膜）（细胞和EPS，主要是胞外多糖）	杆菌、明串珠菌属、黄单胞菌属	相当于封堵剂，通过细菌繁殖驱替石油、改变润湿性、降低石油黏度和倾点、原油乳化和脱硫

二、微生物采油分类

虽然许多研究者提出了各不相同的微生物强化采油技术，但是大多数微生物强化采油技术的最终目的都是减少油藏中的剩余原油。根据目前的研究成果，微生物强化采油技术可以分为两大类：外源微生物采油技术和本源微生物采油技术。其主要应用方法包括：周期性微生物单井处理、微生物水驱和微生物调剖。

周期性微生物单井处理，是将微生物和营养物质注入产油井中，再将油井封闭足够长的时间（几天至几周），使微生物在井筒周围及近井地带充分生长、代谢产物充分释放，然后开井、对油井进行开采，一般持续时间为几周至几个月。当原油的开采量下降时，再次注入微生物和营养物质，周而复始。在这种方法中，微生物波及深度和区域是一个重要评价参数，它往往取决于微生物注入速率和微生物活动的动力学参数。

微生物强化驱油应用方式是微生物水驱，在这种应用方式下，如果地层中的本源微生物十分丰富，可以直接在注水井中注入营养物质激活地层中的本源微生物活动，促进整个地层的本源微生物的代谢活性。如果所需的本源微生物代谢活动没有发生，可以将外源微生物连同营养物质一同加入。对于某些油井，运用此方法后，需要停止注水生产，以满足微生物生长和代谢的时间要求。同时，在该方法的基础上，提出了一种联合方法，即在注入了营养物和（或）微生物后，向注水井中继续注入无机盐水溶液，由于油井中的剩余原油本身就是碳源，这样就能经济有效地、大范围地刺激微生物的增长，从而达到利用微生物强化采油的目的。

微生物调剖技术主要是利用微生物的生长代谢堵塞油藏深层的高渗透区的水驱通道，从而使注入水向低渗透区转移。对于这种方法，由于注入水的驱动，营养物质和（或）产聚合物的微生物被优先注入高渗透区，此时能促进该区域的微生物量和聚合物类代谢产物的增长，导致该区域的渗透性降低。

三、微生物采油筛选

微生物采油筛选的总原则是保证微生物在油藏内能生长、繁殖而且能够产生提高油藏采收率所需的代谢产物。在微生物采油筛选中，首先要分析地下油层存在的问题，然后结合不同微生物的代谢产物特点，筛选出适合油藏的微生物。例如，油层中因原油含蜡量高、胶质沥青含量高、凝固点高导致采收率低，那么就应在以烃为主要培养基的微生物中选择。一旦确定应用的微生物种类后，就应进行微生物的生长、繁殖、配伍性、微生物与原油作用效果及影响因素，以及微生物驱油等实验，以进一步为油藏筛选出最佳的微生物，同时为微生物采油的数值模拟提供基础参数。

（一）微生物采油筛选程序

微生物用于提高原油采收率，主要依赖于微生物在地层中的简单活动及代谢产物来实现。因此，在MEOR矿场应用之前，必须根据油层微生物学的原理，充分了解所选择的油藏和微生物特性。在室内进行微生物采油模拟实验，以保证微生物在地层中的生存、代谢能力，然后选择合适的注入工艺，MEOR才能正式进入矿场应用。

1.油藏特性研究

（1）油藏岩石特性研究。研究内容包括：油藏的构造、岩性、孔隙度和渗透率、埋藏深度、压力、温度。

（2）油藏流体特性研究。研究内容包括：地层水化学组成、矿化度、pH、原油组成和营养物、岩层与流体之间或各自内部的氧化还原电位。

（3）油藏内本源细菌的特性研究。研究内容包括：本源细菌的分布、种类、本源细菌和接种细菌的相互影响。

2.微生物特性研究

研究内容包括：菌种的选择、培养基的选择，以及根据选择的微生物配方推测提高采收率的机理、微生物与地层流体的配伍性。

3.微生物采油模拟

（1）物理模拟（室内实验模拟）。根据微生物提高采收率机理（微生物吞吐、微生物降黏、微生物调剖、微生物驱替和微生物表面活性剂作用）结合所选的微生物配方进行岩心实验，分析该微生物配方提高采收率机理。

（2）数值模拟。主要研究微生物在多孔介质中的运移、生长及微生物对采收率的影响，包括微生物的生长、滞留、运移、死亡；营养物的消耗；生化代谢途径，并作出定量分析，为以后的矿场应用提供可靠的依据。

4.注入工艺选择和矿场应用

常用的三种采油工艺为：连续注入细菌培养物、细菌接种后注入培养物、重复生物吞吐循环。

选择注入工艺的主要依据为根据微生物采油模拟结果所做的矿场设计，包括注入微生物用量、营养物和接种物的注入方式、施工操作等。对于单井处理，在静压头下使菌种流入井内即可。在水驱开发中大规模处理时，最好用大罐装微生物和营养液，再通过分流管线泵入注入井。

5.效果监测和评价

内容包括：产出液的含水率、原油的黏度和组分、产出气CO_2含量变化、产出水中细菌数量变化、产出水中有机酸的含量、资料井取样分析等。

（二）菌种选择

1.微生物采油常用的细菌

注入油藏的微生物必须能在油藏条件下生长、代谢和繁殖。因此，必须适应油层的温度、压力、含盐量、pH以及其他物理化学条件。菌种是MEOR工程中微生物地下发酵的关键。

2.微生物的来源和特征

获取微生物的技术有：从自然界筛选，通过种类变异，通过遗传工程改良，油层中微生物的直接利用。

目前获取微生物的主要方法是从自然界筛选和直接利用油层中微生物，用于油层的微生物应具备以下特征：

（1）尺寸小，繁殖快。受岩石孔隙大小的限制，尺寸较大的细菌难以在油层内运移和传播。油藏体积很大，相对来说注入的细菌量较少，要发挥微生物采油的作用，要求其繁殖速度呈指数式增长。

（2）厌氧和耐温。尽管有时注入水中溶有微量氧气，但地下油层为还原环境，所以要求微生物能在无氧环境下生长和繁殖。如果微生物仅仅用于井筒清蜡、降黏，兼性菌也可采用。大多数油藏温度一般高于地面环境温度，因此要求微生物具有耐温特性。

（3）耐盐和抗高压。

（4）代谢产物中含有气、酸、溶剂、表面活性剂和聚合物。

不同的微生物适应地层中各种条件的能力及产生的代谢产物不同。地层条件中最重要的是温度的影响，不同微生物的耐温能力不同，微生物的生长和繁殖都需要一定的温度范围。

其他地层条件如矿化度、渗透率、pH、地层水和原油的成分等都是微生物在地层中生长、繁殖的限制因素，要筛选出适应地层条件的菌种，需要做大量的配伍性实验。

3.微生物采油菌种选择的一般原则

对于选定的油藏和试验井，由于要解决的生产问题即工程目的不同，要求所用的微生物提高采收率的机理和代谢产物也不同，选择的菌种也不同。

要成功地实施MEOR工程，菌种的选择必须综合考虑地层条件和微生物采油工程的目的，可以为单一菌种，也可以由两种或多种微生物混配。为了增强微生物采油的效果，可加入某种添加剂（微生物代谢产物如生物表面活性剂或人工合成的化学剂）作为增效剂。增效剂可直接加入培养基中，也可作为微生物增产处理液的前置液。

（三）微生物采油的油藏选择

油藏包括油藏岩石和流体，它们的物理化学性质对微生物的生长、繁殖和代谢活动具有决定性影响。油藏的埋藏深度、压力、温度、地层水化学组成和原油的成分等都是微生物生存活动的限制因素。为了实施MEOR工程，筛选油藏时应以油层条件是否适合细菌生长为最根本的依据。根据微生物采油工程的油藏筛选标准和油藏对微生物的限制因素，可制定以下油藏筛选程序（表5-2）。

表5-2　微生物采油油藏筛选程序

油藏参数	筛选程序
可能选用的菌种	确定（推测）提高原油采收率的潜在机理
矿化度	应用配伍性实验评价微生物生长与代谢活动
温度、深度	在地层条件下用配伍性试验评价微生物的生长与代谢活动
有毒矿物	应用配伍性试验确定对微生物生长和代谢活动有害的影响
地层渗透率	如果进行多井微生物处理，应进行单井注入能力试验和岩心驱替研究
地层固有微生物	在地层条件下应用配伍性试验评价微生物的生长和代谢活动

四、微生物采油的应用

（一）单井微生物吞吐

在单井微生物吞吐技术中，先把微生物和营养物注入单口井中，然后关井数日或数周，培养微生物，使之生长并生成微生物产物，最后开井生产。该技术用于重质原油成分的降解（降低石油黏度）和消除近井堵塞。在交替单井处理中，微生物和营养物被周期性地注入生产井，但并不关井。

（二）微生物水驱

在微生物水驱技术中，微生物和营养物被注入目标储层并在其中生长繁殖，表5-1所列的微生物产物在原地与岩石和流体发生反应，使部分剩余油得以被采出。

（三）通过井增产措施消除井筒或地层伤害

所谓井增产措施消除井筒或地层伤害，是指通过油管与套管之间的环空注入微生物，借助微生物产物（如生物表面活性剂）去除井筒内或近井地带沉淀的重质成分，如石蜡和沥青。这类井增产措施通常用于存在严重结蜡的低产井，以每月一次或每三月一次的频率开展。

（四）采用内源微生物的MEOR法

内源微生物通常是在注水过程中进入储层的。它们在注水期间能较长时间保持相对稳定。由于深层储层高温高压，能存活的微生物相对较少；而浅层储层的微生物较多，内源微生物以剩余油为碳源。在注入水中加入空气和硝酸盐、磷酸盐等无机盐，就可生成内源微生物。一般分为两步：第一步，发酵厌氧和兼性菌，生成酸、生物表面活性剂、溶剂、二氧化碳等微生物产物，其中一些可用作厌氧菌的营养物；第二步，发酵厌氧微生物，生成甲烷等微生物产物。

第二节　含油污泥资源化利用技术

在油田钻井、采油、集输及炼制过程中产生的含油污泥，由于有机组分复杂、性质稳定、处理难度大，一直是困扰石油石化企业的含油固废处理难题，制约着石油石化企业环境质量的持续改进。针对稠油污泥、落地油泥和炼化"三泥"三种典型含油污泥的污染特性，开展含油污泥处理及资源化技术研究，形成了稠油污泥制备衍生燃料技术、落地油泥强化化学热洗技术和炼化"三泥"干化热解/碳化技术，解决了油田和炼化企业对含油污泥的处理问题，并在辽河油田、华北油田、吉林石化等企业进行了应用和推广，取得了良好的处理效果。

国内的含油污泥处理技术及特点比较见表5-3。

由表5-3可以看出，没有一种广谱性的油泥处理技术能够处理所有油泥，应根据油泥特性分质分类处理。针对不同油田、炼化企业含油污泥的特点，形成了稠油污泥制备衍生燃料、落地油泥强化化学热洗、炼化"三泥"干化热解/碳化工艺技术三项含油污泥处理技术。

表5-3　含油污泥处理技术特点

项目	化学热洗技术	热解处理技术	微生物处理技术	焚烧处理技术	固化处理技术
适用条件	落地油泥和油罐底泥	适用于杂质含量少、半固体状态的污泥	适用于低含油污染土壤的处理	可处理各类含油污泥和含油固废	剔除各类大块杂质的油泥

项目	化学热洗技术	热解处理技术	微生物处理技术	焚烧处理技术	固化处理技术
优点	处理量大，处理成本较低；自动化程度高，人工劳动强度小，处理现场整洁；无二次污染，能回收污泥中的原油	可回收原油；对来料要求不高，可处理各种类型油泥	投资少，运行费用低；处理效果好，能实现土壤的全面修复；不需要加入化学试剂，能耗低	可处理各类含油污泥和含油固废；处理彻底，技术成熟，国内炼油企业广泛使用	操作简单，处理成本低
缺点	适用于处理含油量较高、乳化较轻的落地油泥和清罐污泥，对油田和炼化企业污水处理过程中产生的乳化严重的浮渣和剩余活性污泥处理难度大；需针对油泥性质进行清洗药剂的筛选与复配，专业性强	投资偏大，运行成本高；设备密封要求高，安全性有待验证；尾气需进一步治理	更适用于非溶解、非挥发性石油烃污染土壤的修复，烃含量一般不超过5%；处理周期长，一般需要一年以上	不能回收污泥中的原油；投资大，处理费用高；易产生二次污染	需要投加大量固化药剂，处理后废物总量大大增加；没有相关法律法规标准，不易得到环保部门认可；若处理不善，有二次污染隐患
技术成熟性	现场应用	现场应用	现场中试阶段	现场应用	较少应用
操作及维护	设备自动控制程度高，可长期稳定运行	可全自动运行	需定期翻耕、投加营养剂等，劳动强度大	可全自动运行，维护成本高	需机械配合固化剂添加和搅拌，劳动强度大
治理效果	含油<2%	含油<2%	含油<2%	含油<2%	—
工艺复杂度	流程短，工艺简单	流程较长，工艺复杂	—	流程较长	—
占地面积	适中	大	大	大	—
处理成本	适中	高	低	高	适中
投资规模	中等	高	低	高	—

一、稠油污泥制备衍生燃料技术

为了充分利用含油污泥中的热能，利用稠油污泥脱水—干化—燃料化工艺，对含油污泥进行资源化处理，制备衍生燃料，形成了稠油污泥制备衍生燃料技术。

（一）稠油污泥衍生燃料处理剂

稠油污泥露天放置，但能长期保持湿润、体积无明显减少，其主要原因是油泥中的油和水处于油包水状态，水分难以快速蒸发。因此，要充分利用稠油污泥中的热能并使其燃料化，首先应使稠油污泥迅速破乳，让游离状态的水分子变成水合状态，将油包水中的水游离出来易于干燥，降低油泥含水率，实现油泥减量。为了提高干化药剂的环境接受度，降低其环境影响风险，室内对十几种无毒、天然材料制成的破乳剂进行了初步筛选，初步实现了稠油污泥的破乳，但破乳后的稠油污泥还在60%以上，且成团不松散，不利于与燃煤混合燃烧。鉴于上述原因，有必要在稠油污泥中再加入疏散剂、引燃剂和催化剂。其中，引燃剂可提高含油污泥的挥发分，使其易燃；催化剂能加快反应速度，使反应的热值提高；疏散剂可提高含油污泥的孔隙率，易于其干化、不结团。研究中，对数十种破乳剂、引燃剂、疏散剂、催化剂进行了实验效果对比，选出了效果最佳的试剂。在此基础上进行处理剂复配实验，开发出了干化效果最好、热值较高的衍生燃料化剂配方。室内处理剂复配实验见表5-4。由表5-4可知，当油泥比为80%、添加剂为20%时，干化效果最好。

表5-4　含油污泥处理剂的复配实验

序号	油泥质量/g	添加剂A/%	添加剂B/g	添加剂C/g	添加剂D/g	效果
1	90	3	3	3	1	干化时间长，内有油迹
2	90	3	4	2	1	干化时间长，内有油迹
3	90	4	3	2	1	干化时间长，内有油迹

序号	油泥质量/g	添加剂A/%	添加剂B/g	添加剂C/g	添加剂D/g	效果
4	95	1	1	2	1	干化时间长，内有油迹
5	85	3.5	3.5	6	2	干化时间短，整体干燥
6	80	5	5	7	3	整体干燥，无油迹、灰粒

（二）稠油污泥衍生燃料处理装置

稠油污泥燃料化处理装置是集"调质→回收油→脱水→干化→燃料化→燃料成型"于一体的多功能含油污泥处理设备。通过物理、化学作用，该装置可使含油污泥在短期（48h，20℃左右）干化成一种含水量低于10%、有较高热值的可燃物，热值平均达5000kcal/kg。制备的可燃物能直接燃烧，也可与燃煤混烧，是燃煤锅炉和电厂锅炉很好的燃料。燃料燃烧产生的废气和灰渣满足GB 13271—2014《锅炉大气污染物排放标准》和GB 36600—2018《土壤环境质量　建设用地土壤污染风险管控标准（试行）》等污染物排放标准。该装置流程简单，操作安全，处理成本低。

稠油污泥干化处理装置，主要由稠油污泥储池、潜水渣浆泵、加药罐、压滤机、螺旋输送机、物料反应罐、衍生燃料化剂配料罐、污水罐和多级排污泵组成，如图5-1所示。稠油污泥储存在油泥池内，通过潜水渣浆泵将油泥输送至压滤机，其间通过絮凝剂加药罐将絮凝剂溶液加入潜水渣浆泵输入泥管线中。压滤后的油泥通过1#螺旋输送机输送至物料反应罐中，同时采用2#螺旋输送机将在衍生燃料化剂配料罐配制好的衍生燃料化剂也输送到物料反应罐中，让油泥和衍生燃料化剂在物料反应罐中充分混合和反应，最终产物通过3#螺旋输送机输送至污泥自然干化场，压滤机脱出的水进入污水罐中，然后由多级排污泵将污水送至污水处理厂进行处理。

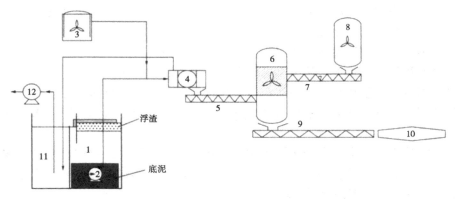

图5-1　稠油污泥干化处理装置的正面结构示意图

1—稠油污泥储池　2—潜水渣浆泵　3—加药罐　4—压滤机　5—1# 螺旋输送机
6—物料反应罐　7—2# 螺旋输送机　8—衍生燃料化剂配料罐
9—3# 螺旋输送机　10—干化场　11—污水罐　12—多级排污泵

（三）稠油污泥燃料化处理工艺

整体工艺主要分为以下4步，处理工艺流程如图5-2所示。

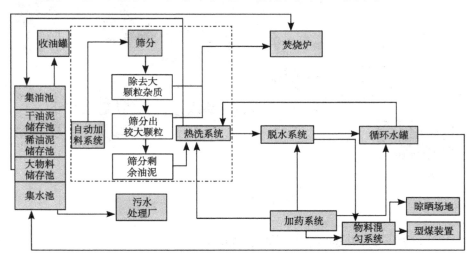

图5-2　稠油污泥干化处理工艺流程图

第一步：稠油污泥预处理。稠油污泥预处理由自动加料系统、筛分系统及热洗系统三部分组成。含油污泥进入主工艺之前，对含油污泥进行筛分处理，去除大块的固体杂质，减少后续机器的磨损并保证其处理效率。在该工序中，通过加入回掺热水（系统循环水），可将污泥升温至45~60℃，对油泥进行热洗，以促使油泥中的油类部分从固体粒子表面分离与脱附，实现含油污泥中油的回收。热洗回收的油类输送至集油池，下层的水和底泥输送至脱水系统。

第二步：稠油污泥机械脱水。经热洗预处理（筛分去除了大块杂质并回收了部分油类物质）后的含油污泥（45~60℃）进入脱水系统，固液分离出的固体输送至物料混匀系统。分离出的水进入循环水罐作为工艺用水循环利用，反复循环多次的剩余浓水输送至集水池后再用泵输送至污水处理厂处理。

第三步：脱水后含油污泥干化。脱水后的含油污泥经过螺旋输送机输送至物料混匀系统，经投加干化、引燃、疏散等一体式综合药剂后充分混合，实现含油污泥快速干化。

第四步：干化后含油污泥燃料化。经干化处理后的油泥，通过螺旋输送机输送至晾晒场或进入型煤装置，按需要做成不同形状的燃料，供矿区采暖锅炉或电力集团公司燃煤炉使用，实现含油污泥的资源化再利用。

稠油污泥燃料化工艺处理效果如图5-3所示。

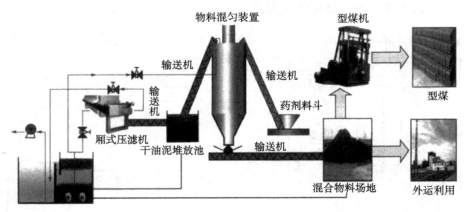

图5-3　稠油污泥干化处理工艺效果图

二、热洗法处理含油污泥工艺研究

在石油与天然气开采及其生产加工过程中会产生大量的含油污泥，并且随着开采力度的加大，产出量逐年增多。由于含油污泥的种类、性质及油田环境存在差异，采取的处理措施也不尽相同，目前国内外含油污泥处理方法主要有调质机械分离法、热处理技术、溶剂萃取法、生物处理技术等。热洗法由于处理设备简单、分离效率高，在英、美等发达国家已得到了广泛应用。我国一些油田普遍采用热洗法与萃取法、超声波法联用处理污泥，无形中增加了处理成本，而单独采用热洗处理工艺的较少，并且针对热洗处理机理的研究也较少。

化学热洗法是通过热水溶液对含油污泥进行反复洗涤，洗涤过程中加入高效、适宜的化学药剂，再经加热、混合搅拌后静置沉淀，实现固液分离。分离出的油相经处理后进入储油罐，清洗液可再循环利用，剩余的污泥则进行脱水再处理后资源化利用。化学试剂的筛选和使用是化学热洗工艺的关键，在加热、搅拌的分离过程中，主要涉及降低界面张力、乳化作用、改变润湿性和刚性界面膜等原理。该工艺既达到了回收资源的目的，又降低了对环境的污染，具有能耗低、处理效果好等优点。

笔者针对大庆油田含油污泥进行实验研究，确定采用化学热洗法，通过加入表面活性剂进行热洗，分别考察工艺过程中固液比、温度、时间、搅拌强度、pH和洗涤次数对含油污泥处理效果的影响，确定最佳工艺条件，然后考察投加不同药剂对油泥洗涤效果的影响，并对含油污泥处理机理进行分析。

（一）实验

1.试剂与仪器

含油污泥、93#汽油、现场破乳剂1#、现场絮凝剂1#和2#：大庆油田第二采油厂。

HH-S$_{265}$数显恒温水浴锅：江苏省金坛区大地自动化仪器厂；721光栅分光光度计：上海浦东物理光学仪器厂；202型恒温干燥箱：上海胜启仪器仪表有限公司；FA-N/JA-N电子天平：上海民桥精密科学仪器有限公司；DJIC增力电动搅拌器：江苏省金坛区大地自动化仪器厂。

2.含油污泥基本性质测定

采用索式提取分光光度法测定含油率，在420nm波长下，以93#汽油为参比测定吸光度，绘制标准曲线，从标准曲线上查出对应的含油量，计算含油率。含水率的测定采用国家标准水-油混合体系含水率的测定方法：剩余的杂质经过滤、洗涤、烘干、静置，称重得泥沙量，即含泥率。

3.含油污泥热洗工艺条件确定

取5g含油污泥置于烧杯中，按一定比例加入清水及适宜的化学药剂，将烧杯置于恒温水浴锅中，控制温度连续搅拌一定时间，对含油污泥进行离心处理，测定处理后泥沙的含油率，以脱油率为指标考察热洗效果。

4.机理分析

采用Diamond型热重分析仪和S-4800型扫描电镜对含油污泥处理机理进行分析。

（二）结果与分析

1.含油污泥性质检测

实验所用含油污泥，外观呈黑色黏稠状，有较浓烈的挥发刺激性气味，测得含油污泥的含水率为30.67%、含油率为13.98%、含泥率为54.09%。

2.热洗法处理含油污泥工艺流程设计

根据含油污泥热洗法处理工艺条件及实验过程，设计工艺流程图如图5-4所示。

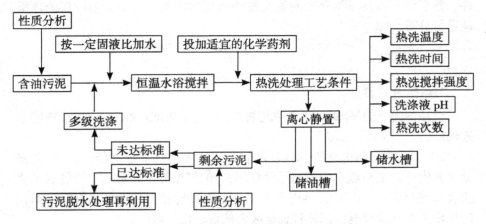

图5-4 热洗法处理含油污泥工艺流程图

3.热洗法工艺条件的确定

（1）固液比。考虑到污泥放置时间较长，直接加药会导致搅拌不均匀，投加一定质量比例的清水可以增加水油接触的机会。在恒温水浴50℃下，按不同的固液比（含油污泥与清水质量比）对加入破乳剂20mg/L的含油污泥进行处理，以脱油率为指标确定最佳固液比。固液比对脱油率的影响结果见图5-5。由图5-5可知，理想的固液比为1:4，此时脱油率达到69.12%。

（2）破乳剂1#用量。为了使含油污泥达到更好的脱油效果，加入不同浓度的破乳剂1#对其调质，在固液比1:4、温度50℃条件下，连续搅拌一定时间，破乳剂加量的影响结果见图5-6。

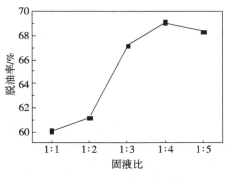

图5-5　固液比的影响　　　　　图5-6　破乳剂加量的影响

由图5-6可知，随着破乳剂的加入，当加量为20mg/L时，脱油率达到最高值，继续增加破乳剂的用量，脱油率反而降低，这是由于当破乳剂达到峰值后，增加破乳剂的用量，致使混合物的黏度增大，不利于油砂脱落，影响了油泥的分离，因此确定破乳剂用量为20mg/L。

（3）絮凝剂用量。通过加入絮凝剂对油泥进一步进行调质，使含油污泥经搅拌后，泥相更快下沉，水相澄清。2种现场絮凝剂的对比结果见图5-7。

由图5-7可知，2种絮凝剂均在20mg/L时脱油效果达到最佳。絮凝剂加量过多，形成的絮凝体较黏稠，脱油率反而下降；加量过少，电性中和少，吸附架桥作用弱，污泥难以聚团，不利于脱水。对比2种絮凝剂，絮凝剂2#在20mg/L时的脱油率较絮凝剂1#大，效果相对较好，因此选择絮凝剂2#为含油污泥热洗脱油实验的絮凝剂。

（4）热洗温度。热洗温度对脱油率的影响见图5-8。由图5-8可知，随着热洗温度升高，脱油率不断提高，这是因为颗粒的热运动加剧，增加了颗粒间的碰撞机会，有利于破乳脱油。因此，从节约能源的角度考虑，选定适宜的温度为50℃。

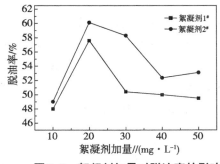

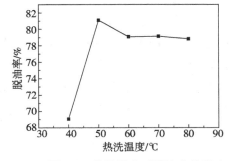

图5-7　絮凝剂加量对脱油率的影响　　　图5-8　热洗温度对脱油率的影响

（5）热洗时间。在其他条件一定的情况下，考察热洗时间对脱油率的影响，结果见图5-9。由图5-9可知，20～30min内，随着热洗时间的增加，脱油率明显增加，热洗时间为30min时，脱油率达到最大值，之后脱油率变化趋势平缓，最佳的热洗时间为30min。

（6）搅拌强度。转速60～200r/min的条件下，对油泥连续搅拌30min，搅拌强度对脱油率的影响结果见图5-10。搅拌可以加速含油污泥表面泥沙的脱落，有利于油滴从含油污泥中分离；过低的搅拌强度不能使絮凝剂迅速均匀地扩散，从而影响其絮凝效果。因此，选择合适的搅拌强度可使热洗效果达到最好。

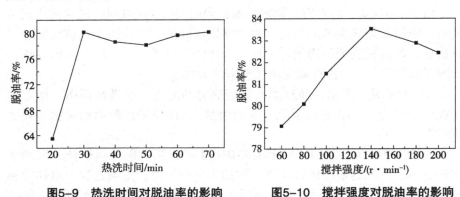

图5-9　热洗时间对脱油率的影响　　　　图5-10　搅拌强度对脱油率的影响

由图5-10可知，搅拌强度对脱油率的影响较大，确定最佳搅拌强度为140r/min。

（7）热洗液pH。改变溶液pH，考察pH对含油污泥脱油率的影响，结果见图5-11。由图5-11可以看出，pH对脱油率的影响也较大，随着pH的增大，脱油率逐渐升高，pH<8时，脱油率上升明显，之后脱油率上升幅度变化不大。由于pH过大会增加废水的处理难度，综合考虑确定pH=8。

（8）热洗次数。热洗处理过程中，为使含油污泥与药剂更好融合，实现更充分脱油，采用2次或多次热洗。改变热洗次数1~4次，考察其对脱油率的影响，结果见图5-12。可知当热洗次数n=1时，脱油率为82.14%；n=2时，脱油率达到83.91%；之后，随着热洗次数的增加，脱油率不再明显增加。从节约能源和时间的角度考虑，确定热洗次数为2次。

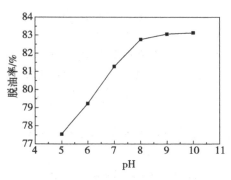

图5-11 溶液pH对脱油率的影响　　　　图5-12 热洗次数对脱油率的影响

4.不同药剂对热洗效果的影响

通过使用不同药剂对含油污泥进行热洗处理，结果对比见图5-13。实验室自制絮凝剂为以环氧氯丙烷、三乙醇胺为主要原料，加入交联剂三乙烯四胺所制备的有机阳离子凝剂。

由图5-13可以看出，在投加药剂对含油污泥进行调质时，复合洗涤剂比单一药剂的洗涤效果好，使用现场破乳剂1#和自制絮凝剂，脱油率可达82.83%。由此可见，除了优化热洗过程的工艺条件以外，对所投加化学药剂的选择也至关重要。

5.热洗法机理分析

（1）热分析。对热洗前后的含油污泥进行热重（TG）分析。含油污泥处理前后的TG对比曲线见图5-14。

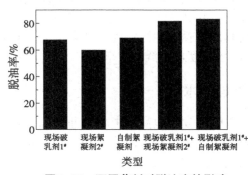

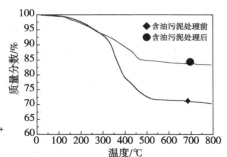

图5-13 不同药剂对脱油率的影响　　　　图5-14 含油污泥TG曲线

由图5-14可知，经热洗处理后含油污泥性状发生了较大改变。初温至120℃失重缓慢，主要是含油污泥中的自由水挥发导致，处理后的含水率降低，表明热洗脱除了自由水；120~260℃失重快速，由于污泥中低沸点轻质油分受热挥发，以及细胞内含有大量结合水的微生物平衡被破坏，导致含油污泥失重，处理后累计失重率为4.2%，较处理前失重率5.8%有所降低，这表明经热洗处理后，油泥中的结合水析出，原油开始被脱除；260～500℃失重剧烈，处理前油泥失重率为22.9%，为主要失重阶段，由于温度升高，原油中的重质油和大量挥发性芳香烃类有机物受热分解，产生低分子烃类，热洗处理后的失重率为11.1%，说明热洗脱除了含油污泥中的大量原油；500℃以上时失重平缓，此时为污泥中固定碳燃烧反应阶段，以及污泥中的矿物质受热分解引起。

（2）SEM电镜分析。对含油污泥样品进行微观结构形态分析。处理前后含油污泥的扫描电镜见图5-15和图5-16。

 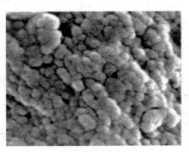

图5-15　含油污泥处理
前电镜图（放大1200倍）

图5-16　含油污泥处理
后电镜图（放大1200倍）

由图5-15、图5-16可知，含油污泥处理前微观结构无规则，颗粒排列较为松散，颗粒与颗粒之间孔洞较多，含有一定量水分，表面较为粗糙。而投加药剂及加热搅拌处理后，污泥微观结构明显变化，油泥骨架结构被破坏，处理后絮体结构排列较紧密，颗粒较大程度聚集。由于强化加热促使颗粒热运动加剧，污泥性状发生改变，其黏度降低，流动性增强，搅拌产生的剪切力促使油相从颗粒表面较容易地脱落，污泥内部结合水得以释放，表明热洗法有利于提高含油污泥脱水程度及降低含油率。

三、落地油泥强化化学热洗处理技术

为了解决落地油泥的污染问题，充分回收落地油泥中的石油资源，利用"预处理—强化化学热洗—离心脱水"工艺，对落地油泥进行除油处理和资源化回收利用，形成了落地油泥强化化学热洗技术。

（一）强化化学处理落地油泥原理

含油污泥经预处理，筛分出大块物料并将油泥充分均质化，然后将含油污泥在加热并加入定量表面活性药剂的条件下，使油从固相表面脱附、聚集，并借助气浮和机械分离作用回收污油，泥沙进脱水装置脱水后使残渣含油率降低到2%以下。

化学热洗技术处理量大，无二次污染，处理效果好，能回收污泥中的原油，适用于处理含油量较高、乳化较轻的落地油泥。化学热洗成功运行的三大关键因素如下：

（1）预处理流程。预处理的目的是将油泥中的杂质筛分出来，并使油泥充分均质化。否则，易导致后续处理设备堵塞，且油泥均质化不充分，影响后续油泥的分离效果。

（2）化学清洗药剂。需针对落地油泥性质，通过对清洗药剂的筛选、复配，筛选出适合处理的清洗药剂，药剂应能循环利用，从而节省运行成本。已有研究和工程运行经验表明，清洗药剂的温度以60~70℃为宜，对于油田联合站和炼化企业污水处理过程中产生的乳化严重的浮渣和剩余活性污泥，常用清洗药剂很难实现达标处理。

（3）油泥清洗流程。仅采用搅拌、重力沉降等机械分离无法达到落地油泥的处理要求，在油泥分离中引入气浮工艺，油泥浆在机械搅拌力和药物的共同作用下，包裹在沙粒或土质颗粒中的油分借助气泡气浮上升，为油和泥的充分分离创造了条件。

（二）化学热洗装置

1.工艺流程简介

因落地油泥中常含有编织袋、沙石、生活垃圾等大块废弃物，需经预处理后筛分出大块物料并将油泥充分均质化，然后将含油污泥在加热并加入定量化学处理药剂的条件下，使油从固相表面脱附、聚集，并借助气浮和机械分离作用回收污油，泥沙进脱水装置脱水后使残渣含油率降至2%以下。因此，整体技术采用"预处理—强化化学热洗—离心脱水"工艺，工艺流程如图5-17所示。

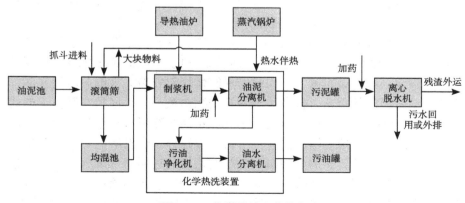

图5-17　化学热洗工艺流程

各个地点的含油污泥通过罐车拉运至污泥处理站，卸至污泥堆放池，污泥堆放池两侧设置移动式抓斗器运行轨道，用抓斗器将污泥送至滚筒筛分选装置，滚筒筛分选装置去除编织袋、生活垃圾、大块固体废物后，由污泥输送装置输送至垃圾杂物堆放场，滚筒筛分选装置喷淋清洗产生的泥水进入污泥均混池，设置渣浆泵进行提升。经过这个处理过程，就实现了大件垃圾杂质与污泥分离。在污泥均混池中设有浮油回收装置收集浮油。

污泥均混池中的污泥经液下螺杆泵提升至化学热洗装置中的制浆机中，同时给制浆机加热，在制浆机内进行充分的搅拌混合以形成混合油泥浆。配制好的油泥浆通过渣浆泵进入油泥分离器，在分离器内依据原料的情况加入定量的油泥洗脱剂，经过充分搅拌混合，并在导入的微气泡作用下，使油和泥彻底分离。同时在底部向分离器内泵入清水，以将油气泡的液面托高，油分以油气泡的形式浮到上层，通过油气泡刮除器把油气泡导入污油净化机内。污油经加药油水分离后实现原油回收利用。

油泥分离机底部的泥水经泵进入离心脱水装置进行脱水处理。分离出来的残渣含油率可达2%以下，离心分离出来的水可循环使用，剩余的污水打回站内污水处理系统处理。

2.预处理系统

预处理系统设备筒内安装有一定角度的耐磨橡胶衬板不断带起抛落，自进料端到出料端移动过程中包括蒸汽锅炉、抓斗机、滚筒筛分选装置和浮油回收装置。

（1）蒸汽锅炉。蒸汽锅炉灌装设计，外置换热器，可为预处理系统提供120℃蒸汽和80℃热水，触摸屏设计，全自动控制。换热器来水为离心机分离出来的污水，实现了污水的循环利用。

（2）抓斗机。抓斗机1台，将污泥池中的含油污泥抓取至滚筒筛进料口。抓斗机可无线遥控设计，操作方便。

（3）滚筒筛分选装置。现有的滚筒筛多用于矿山机械和垃圾处理工艺中粒度分级的筛分，它是利用做回转运动的筒形筛体将物料按粒度分级，其筛面一般为编织网，工作时筒形筛体倾斜安装。被筛分的物料随筛体的转动做螺旋状翻动，粒度小于筛孔的物料被筛下，而留在筛体上的物料从筛体底部排出。然而，由于油田污泥长期堆存形成板结且成分复杂已固化，利用现有的滚筒筛不能直接进行油泥筛分。新型滚筒筛分机包括筛网、用于驱动筛网旋转的电动机、与筛网连接的进料口和废料出口、两根布置于滚筒筛内部的清洗管线和一根布置于筛网外部的清洗管线，清洗管线上具有多个孔，通过多个孔向筛网内的油泥喷射蒸汽和热水，利用水流对向高压冲洗产生强效剪切作用，将污泥中的大块废弃物与油泥剥离，大块废弃物通过密闭的输送装置输送到废料口并排出滚筒筛。筛网网孔直径可根据物料性质设为5~10mm，小于筛网网孔的油泥滤液经筛网进入下一级处理设备。设置在筛网外侧的密封罩，使得整个筛分过程在密闭环境中进行，从而降低噪声。另外，在密封罩上端设有引风出口，通过引风机将挥发的油气排出，从而减少异味的排出。此外，考虑到编织物缠绕清洗管线的问题，筒体内还设置了气扫喷嘴，用于对清洗管线进行定期清洗。

抓斗将落地油泥从污泥池中抓至滚筒筛进口。滚筒筛电动机带动减速机，大小齿轮带动清洗筒体低速旋转。滚筒内安装有一定角度的耐磨橡胶衬板不断带起抛落，自进料端到出料端移动过程中多次循环，并被顺向或逆向的高压冲洗水和蒸汽冲刷洗涤，清洗干净的物料经过卸料端筒筛筛分脱水后排出，粒径小于5mm的含油泥水则通过筛孔流出，进入下一级设备。

整套系统自动化变频控制，能耗低，劳动强度小，处理效率高。并且整套工艺采用密闭流程，挥发油气集中处理，可接入尾气净化系统，或高空排放，符合清洁生产管理要求。罐装立体堆叠设计，减少占地面积，合理利用空间，防止处理过程中造成二次污染；设备衔接紧凑，可有效降低整体项目投资。

（4）浮油回收装置。该装置根据重力分离原理设计，利用浮油和污水的密度差异，强制抽吸、外排。装置由浮筒式浮吸器、螺杆收油泵、不锈钢软管、阀门仪表等组成，材质全部为SUS304，耐酸碱、耐腐蚀，浮吸器的收油口可根据现场油污厚度手动调整，操作简单、方便。

3. 强化热洗处理系统

油泥中的原油紧紧地包裹着黏土颗粒。在洗脱剂的作用下，油膜层被分散开来，油膜和黏土的连接键被充分打开。被分散的油膜此时借助冲入的微气泡重新形成油气包裹体，并借助浮力作用漂浮到上层形成分离机中的油气泡层。泥沙颗粒沉淀形成底泥。净化处理过程中需注意以下问题。

（1）所要分离的油、泥、水不但有物理混合，还有油、泥、水分子的乳化作用，破解油、泥、水分子间的乳化是油、泥、水分离的最关键问题。常温下，油、泥、水分子间的乳化是较难完全分离的，加热是解决问题的最简单办法。加热温度过高必然造成能源浪费及油分子的过量蒸发，加热温度过低则油泥处于半固体状态，使油、泥、水分子的分离更加困难，经过多次计算、试验，最佳的加热温度为60℃左右。

（2）油、泥、水相态间的分离还有一个必备条件：油泥在水中的浓度不宜过高，因为原油中的泥土与油的密度相差较小，微粒直径小到0.005mm以下，只有在一定的浓度中才能破解渗透在泥土中的原油分子。经过多次试验，当油泥与水的体积比为1：0.75以上时才可在化学力作用下将油与泥沙分离。

油泥净化设备由供热系统、制浆子系统、油泥分离子系统、油水分离子系统和加药子系统组成。

（1）供热系统。油泥分离的各个环节都离不开加热，而且各个环节所需温度和热量不尽相同。加热系统采用预处理系统产生的热水和导热油炉联合供热，既保证了不同温度热量的供给，又减少了热量的浪费。

（2）制浆子系统。均混池中的污泥经过提升泵进入制浆机中，制浆机设有自动阀门，通过阀门控制注入污泥。制浆机配有搅拌机、热水伴热管路及导热油伴热管路，当需要工作时启动热水伴热对机器内部的污泥进行加热，制浆机设有热电偶可以实现温度的自动控制，使热水伴热及导热油伴热配合使用以达到加热污泥的目的。加热后的污泥通过搅拌变成流体状态，为后续处理提供有利条件。制浆机底部设有油泥提升泵，并设有液位计与提升泵连锁，通过温度、时间等控制将加热搅拌均匀的油泥提升加压。加压后的油泥经过管道混合器，管道混合器设有加药口，启动油泥提升泵的同时启动加药装置，由于管道混合器的折返混合功能使药剂与介质的混合更彻底，避免了罐体直接加药混合不均匀的缺点。加药后的油泥进入油泥分离机中。

（3）油泥分离子系统。油泥分离机是根据油泥分离特性特制而成的，是集沉降、溶气、曝气、浮选刮油于一体的油泥分离设备。油泥进入机器中部，中部设有稳流筒及螺旋沉降机，稳流筒使液面平稳下降均匀，将进入设备中的液体控制在一定的区域范围内，在沉降机的作用下迫使油泥中的固体泥块等悬浮物沉降到设备底部，而污油则会上浮至设备上部。沉降机采用变频调节，能更好地适应物料的变化，改变沉降速度达到良好的沉降效果。为了更好地使污油上浮至设备中部，设有曝气溶气设备，通过微孔曝气气泡上浮使污油加速上浮至液体表面，气泡分布均匀、连续上浮，达到对液体充分洗涤的作用，使液体中的污油全部向上移动，漂浮在液体表面。同时，设备中部设有热水冲洗，利用热水的冲洗作用配合污油上浮。

设备上部设有旋转可调式刮板刮油机，这种刮油机的特有功能是能根据液面高低调节刮板位置，可对液体表面的污油进行高度的提升，达到油水分离的目的。通过刮油机的作用将液面上浮的污油向周边移动，刮板为切线方向离心式设计，通过旋转将液面上的浮油全部刮到周边的污油槽内，然后通过管道流入污油收集器内。油泥分离机底部设有污泥输送泵，将油泥分离机底部的污泥输送至污泥池中等待后续处理。

（4）油水分离子系统。经过油泥分离机分离的油水进入污油收集器中，污油收集器设有搅拌机及加药孔，通过加药搅拌使药剂迅速发挥作用，在药剂的作用下使油水完全分离。污油收集器上设有热电偶，当温度过高或过低时控制加热系统的开关，在加热的作用下使油水分离更彻底。经过搅拌药剂分离的油水进入油水分离机中通过特有的溶气浮选原理使油上浮水沉降，分离后的水排出设备，浮选的油通过刮油装置进入储槽内，储槽内设有液位计与污油输送泵连锁，将储槽内分离出的油输送至污油储罐中。

（5）加药子系统。加药设备拥有特有控制技术的定量加药系统，通过在线控制，可实现药剂配比浓度的设定，能根据物料量的变化控制加药量，同时独特的罐体溢流设计使药剂溶解更均匀。药剂通过配药泵、进水阀及液位计的定量控制来配制一定浓度的药剂，通过搅拌使药剂配制更加均匀。加药泵采用定量供给模式，出口设有脉动阻尼器，使药剂供给更平稳、更均匀。加药泵出口设有回流阀，当管道发生堵塞及故障时回流阀自动开启，防止高压损坏泵体及电动机。

4.离心脱水系统

离心脱水系统包括卧螺离心脱水机1台、进泥泵1台、高分子絮凝剂配投装置1套、螺旋输送机1台、配套控制系统及流量计等。

其工作过程是：悬浮液经进料管和螺旋出料口进入转鼓，在高速旋转产生的离心力作用下，密度较大的固相颗粒沉积在转鼓内壁上，与转鼓做相对运动的螺旋叶片不断地将沉积在转鼓内壁上的固相颗粒刮下并推出排渣口，分离后的清液经液层调节板开口流出转鼓。螺旋与转鼓之间的相对运动，也就是差转速是通过差速器来实现的，其大小由副电动机控制。差速器的外壳与转鼓相连接，输出轴与螺旋体相连接，输入轴与副电动机相连接。主电动机带动转鼓旋转的同时也带动了差速器外壳的旋转，副电动机通过联轴器的连接来控制差速器输入轴的转速，使差速器能按一定的速比将扭矩传递给螺旋，从而实现离心机对物料的连续分离过程。离心机具有两种自动控制功能，即差转速控制和力矩控制，由于污泥进料含固率可能会有波动，采用差转速控制系统保证差转速稳定，使泥饼干度恒定，采用恒力矩控制使离心机负荷处于稳定状态，使得分离效果及絮凝剂使用处于最佳状态，很好地保证离心机可靠安全运行。离心机具备优良的密封性能，污泥脱水在全密封状态下工作，确保环境清洁干净。

经离心脱水后，污泥含水率降至80%左右，含油率可控制在2%以下。

四、复合调质剂的制备及在含油污泥处理中的应用

在含油污泥处理中，通过投加高效适宜的破乳剂和絮凝剂对污泥进行调质是处理的关键。目前，破乳剂和絮凝剂主要应用于原油脱水和污水处理中，破乳剂包括非离子型表面活性剂和阴离子型表面活性剂，由于非离子型表面活性剂具有较好的降低界面张力能力，也被用于脱除油泥沙中的原油。絮凝剂分为无机絮凝剂和有机絮凝剂，其中无机絮凝剂以聚合铝盐、聚合铁盐为主，有机絮凝剂以聚丙烯酰胺、季铵盐类为主。

研究者将絮凝剂用于含油污泥调质处理，但单一的药剂均存在不足。无机-有机复合絮凝剂及表面活性剂复配能集中各单一药剂的优点，发挥协同作用，日益受到重视。

笔者通过对有机和无机絮凝剂复配以及合成破乳剂DAMPE，制备复合絮凝剂-破乳剂的混合调质剂，采用调质-离心三相分离技术对含油污泥进行有效处理。以絮凝剂聚丙烯酸、聚丙烯酸钠、聚丙烯酰胺（非离子型）、硫酸铝钾为单剂，通过单一絮凝实验及正交实验得到复配絮凝剂。将其与合成破乳剂DAPME混合，确定最佳混合比例及最佳工艺操作条件，使脱油效果达到最佳，并对处理前后的含油污泥进行电镜分析，探讨脱油机理。

（一）实验

1.材料与仪器

非离子型聚丙烯酰胺PAM、聚丙烯酸钠PASS、聚丙烯酸PAA、月桂酸，分析纯，上海麦克林生化科技有限公司；十二水硫酸铝钾（明矾），分析纯，沈阳新兴试剂厂；聚醚，某石油化工厂；浓硫酸，分析纯，沈阳市华东试剂厂；汽油93#；含油污泥，取自大庆油田联合站油罐底部，呈黑色黏稠状，有较浓烈的挥发刺激性气味；现场破乳剂Ⅰ：SP-1型破乳剂，现场破乳剂Ⅱ：HC-1型破乳剂，大庆油田联合站。

722可见光分光光度计，上海菁华科技仪器有限公司；1781水分测定器，安徽省天长市天沪分析有限公司；202-0型恒温干燥箱，上海胜启仪器仪表有限公司；JSM-6360LA型扫描电镜，日本电子株式会社。

2.含油污泥基本参数分析

采用吸光度法测定含油污泥的含油率。在420nm波长下，以93#汽油为参比测定标准油吸光度，绘制标准曲线，从标准曲线上查出对应的含油

量，计算含油率。含油污泥的含水量测定按国家标准GB/T 260—2016《石油产品水含量的测定　蒸馏法》，剩余杂质经过滤、洗涤、烘干、静置，称重计算含泥率。其中含油量按下式计算：

$$X_0 = \frac{EV_0 \times N}{KG}$$

式中，X_0为含油量，mg/L；E为吸光度，cm^{-1}；V_0为汽油体积，mL；G为含油污泥样品的质量，g；K为吸光系数，L/（mg·cm）（$K = E_i/C_i$，E_i为吸光度平均值，C_i为浓度平均值）；N为稀释倍数。

3.改性破乳剂DAMPE的制备

采用浓硫酸作催化剂，以烷基酚甲醛树脂聚氧乙烯聚氧丙烯醚（烷基酚与甲醛缩合脱水后聚合环氧乙烷与环氧丙烷合成聚醚）为起始原料，使其与羧酸进行酯化反应，合成酯化改性产物。具体合成方法如下：在装有搅拌器、温度计和减压蒸馏装置的100mL三口烧瓶中加入10g聚醚和相应量的月桂酸，添加浓硫酸，加热并搅拌，待物料混合均匀后抽真空，真空度维持约0.09MPa。反应结束后冷却至80℃以下，放空，出料。

4.调质剂的性能评价

以脱油率为评价指标，考察合成破乳剂DAMPE对含油污泥的脱油效果，并与根据单一絮凝实验及正交实验结果复配得到的絮凝剂进行混合调质。在最佳离心条件下，评价混合调质剂对含油污泥的脱油效果。

（二）结果与分析

1.脱油工艺条件对脱油率的影响

（1）固液比的影响。经检测，含油污泥的含油率为27.16%、含水率为37.15%、含泥率为35.13%，有机物及挥发性物质含量为0.56%。取一定量的含油污泥，将其与蒸馏水按一定质量比混合，在搅拌时间20min、离心时间30min、离心转速3600r/min、破乳剂DAMPE质量浓度20mg/L的条件下，测定固液比对含油污泥脱油率的影响，结果见图5-18。脱油率随着固液比的增加先增大后减小，固液比为1:2时的脱油率最高。

（2）搅拌时间的影响。搅拌可以加速含油污泥表面泥沙的脱落，有利于油滴从含油污泥中分离，若搅拌时间过短，会导致药剂不能均匀分散至体系中，影响脱油效果。在固液比为1:2、离心时间30min、离心转速3600r/min、破乳剂DAMPE质量浓度20mg/L的条件下，测定搅拌时间对含油污泥脱油率的影响，结果见图5-19。脱油率随着搅拌时间的增加而增大，

20min后脱油率趋于稳定，之后，随着时间的延长脱油率没有明显变化，故最佳搅拌时间为20min。

（3）离心时间的影响。在固液比1∶2、搅拌时间20min、离心转速3600r/min、破乳剂DAMPE质量浓度20mg/L的条件下，测定离心时间对含油污泥脱油率的影响见，结果图5-20。脱油率随着离心时间的延长而增加，30min后脱油率随时间的延长有较小的波动，但脱油率变化较小，故最佳离心时间为30min。

（4）离心转速的影响。在固液比1∶2、搅拌时间20min、离心时间30min、破乳剂质量浓度20mg/L的条件下，测定离心转速对含油污泥脱油率的影响，结果见图5-21。脱油率随离心转速的增加而增大，离心转速大于3600r/min后脱油率变化不大，因此最佳离心转速为3600r/min。

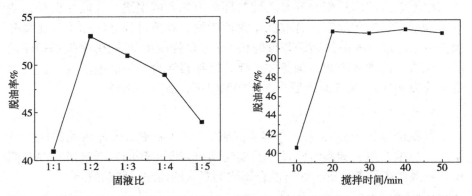

图5-18　固液比对含油污泥脱油率的影响　图5-19　搅拌时间对含油污泥脱油率的影响

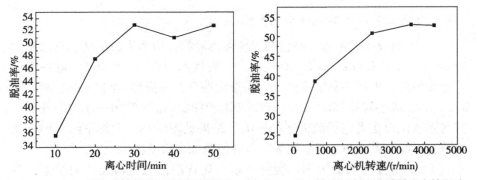

图5-20　离心时间对含油污泥脱油率的影响　图5-21　离心转速对含油污泥脱油率的影响

综上所述，含油污泥最佳处理条件确定为：固液比1∶2、搅拌时间20min、离心时间30min、离心转速3600r/min。以下均采用此工艺条件处理含油污泥。

2.破乳剂对含油污泥脱油率的影响

改性聚醚破乳剂DAMPE为线性支链环氧乙烷（EO）和环氧丙烷（PO）的嵌段共聚物，通过酯化改性，聚醚（烷基酚甲醛树脂聚氧乙烯聚氧丙烯醚）分子末端的亲水基团羟基—OH与羧酸发生酯化反应，分子中同时引入了亲油性基团（烃基）和弱亲水性基团（羧基），改变了其亲油亲水性质，提高了亲油性，同时酯类分子易吸附界面形成不稳定边界膜，从而使其破乳性能增强。在油水界面吸附时，EO链段、羧基等亲水基团接近水相，PO链段、烃基、苯基等亲油基团伸入油相，其支化程度低，有较强的界面活性，易在界面上紧密排列，降低油水界面张力，并且顶替原有的界面膜分子，破坏界面膜强度，降低乳状液的稳定性。

取等量含油污泥，按最佳工艺条件分别测得现场破乳剂Ⅰ、现场破乳剂Ⅱ、聚醚及合成破乳剂DAMPE对含油污泥的脱油率为40.4%、51.9%、60.8%和68.6%。破乳剂加量均为20mg/L。破乳剂DAMPE比改性前聚醚的脱油效果有了较大提高，说明改性效果较好。

在最佳工艺条件下，测定破乳剂DAMPE用量对含油污泥脱油率的影响，结果见图5-22。由图5-22可知，随着DAMPE用量的增加，脱油率不断升高，DAMPE用量为20mg/L时脱油效果达到最佳，继续增加破乳剂用量时脱油率略有降低。这是因为加入过多的破乳剂会包围油泥颗粒，使油水泥分离困难。

3.絮凝剂及复配作用对污泥脱油效果的影响

在含油污泥处理中加入絮凝剂，通过润湿、乳化、溶解和增溶作用改变油、水、泥间的作用力，有助于油相从泥相中脱落，实现最终的三相分离。

同时，利用絮凝剂网捕卷扫和吸附架桥等凝合作用使泥土颗粒凝聚、絮凝和沉降，从而实现油泥分离。但絮凝剂过量，会使絮体较黏稠，导致脱油率下降；而絮凝剂量过少，会影响其絮凝作用发挥，污泥难以团聚，对脱水除油不利。

在固液比1:2、搅拌时间20min、离心时间30min、离心转速3600r/min的最佳操作条件下，测定絮凝剂聚丙烯酸用量对脱油率的影响，结果见图5-23。小剂量的聚丙烯酸处理含油污泥的效果较好，聚丙烯酸用量为10mg/L时的脱油效果最佳。

在最佳操作条件下，测定絮凝剂聚丙烯酰胺用量对脱油率的影响，结果见图5-24。随着聚丙烯酰胺用量的增加，脱油率先增大后减小，聚丙烯酰胺用量为20mg/L时的脱油效果最佳。

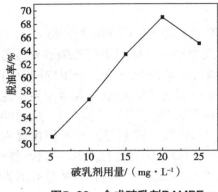

图5-22 合成破乳剂DAMPE
用量对脱油率的影响

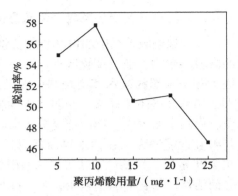

图5-23 聚丙烯酸用量对含油污
泥脱油率的影响

在最佳条件下，测定絮凝剂明矾用量对含油污泥脱油率的影响，结果见图5-25。随着明矾用量的增加，脱油率先增大后减小，明矾用量为15mg/L时的脱油效果最佳。

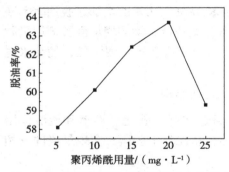

图5-24 聚丙烯酰胺用量对脱油率的影响

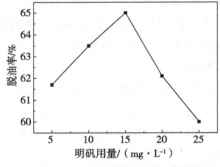

图5-25 明矾用量对脱油率的影响

在最佳条件下，测定絮凝剂聚丙烯酸钠用量对含油污泥脱油率的影响，结果见图5-26，聚丙烯酸钠用量为50mg/L时的脱油效果达到最佳。

根据单一絮凝实验结果，以含油污泥脱油率为衡量标准，进行4因素3水平正交实验$L_9(3^4)$。正交实验因素及水平表见表5-5，实验结果见表5-6。由表5-6可知，4种絮凝剂对含油污泥脱油率的影响程度由大到小依次为：聚丙烯酰胺>明矾>聚丙烯酸钠>聚丙烯酸，最佳絮凝剂组合为5mg/L聚丙烯酰胺+2.5mg/L聚丙烯酸+5mg/L聚丙烯酸钠+5mg/L明矾。最优组合平行实验结果表明，最佳絮凝剂对含油污泥的脱油率为84.95%。

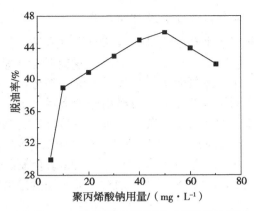

图5-26 聚丙烯酸钠用量对脱油率的影响

表5-5 正交实验因素及水平表

水平	因素			
	聚丙烯酰胺用量/（mg/L）A	聚丙烯酸用量/（mg/L）B	聚丙烯酸钠用量/（mg/L）C	明矾用量/（mg/L）D
1	1.25	1.25	2.50	1.25
2	2.50	2.50	5.00	2.50
3	5.00	5.00	12.50	5.00

表5-6 絮凝剂正交实验方案与结果

序号	A	B	C	D	脱油率/%
1	1.25	1.25	2.50	1.25	56.45
2	1.25	2.50	5.00	2.50	62.00
3	1.25	5.00	12.50	5.00	69.26
4	2.50	1.25	5.00	5.00	70.55
5	2.50	2.50	12.50	1.25	63.54
6	2.50	5.00	2.50	2.50	58.70
7	5.00	1.25	12.50	2.50	72.90
8	5.00	2.50	2.50	5.00	83.39
9	5.00	5.00	5.00	1.25	80.22
K_1/%	62.570	66.180	66.180	66.737	—
K_2/%	64.263	70.923	70.923	64.533	—
K_3/%	78.837	69.393	68.567	74.400	—
R/%	16.267	3.010	4.743	9.67	
主次顺序	A>D>C>B				
最优组合	$A_3B_2C_2D_3$				

4.破乳剂和絮凝剂的混合调质作用效果

破乳剂同时含有亲水和亲油基团，其分别进入油泥的水相和油相，降低油水界面膜稳定性，从而使油、水分离；絮凝剂的网捕卷扫、吸附架桥等作用，使油泥颗粒絮体凝聚沉降，促进了油、泥分离。破乳剂和絮凝剂协同作用，可有效调质含油污泥，再经离心处理后，油、水、泥三相实现了有效分离，提高了含油污泥的脱油效率。在最佳工艺条件下，调质温度为45℃时，最优组合复配絮凝剂与破乳剂DAMPE按不同质量比混合的复合调质剂，对含油污泥的脱油率见表5–7。最优组合复配絮凝剂与破乳剂DAMPE的质量比为2∶3时，复合调质剂对含油污泥的脱油率为95.66%，脱油效果优良。

表5–7　不同质量比的复合调质剂对含油污泥的脱油率

絮凝剂、破乳剂质量比	脱油率/%	絮凝剂、破乳剂质量比	脱油率/%
1∶1	86.41	3∶1	87.80
1∶2	91.25	2∶3	95.66
2∶1	87.65	3∶2	92.32
1∶3	94.56	1∶2	91.25

在最佳条件下，不同温度下复配絮凝剂与DAMPE质量比2∶3的复合调质剂对含油污泥的脱油率见图5–27。调质温度为45℃时，含油污泥的脱油效果最好。

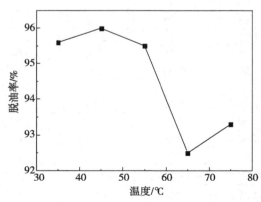

图5–27　调质温度对脱油率的影响

5.含油污泥扫描电镜分析

未经处理的含油污泥、加入混合调质剂后的含油污泥以及调质离心后的含油污泥的扫描电镜图见图5-28。未经处理的含油污泥的结构松散，颗粒之间没有聚集在一起，呈块状结构，并存在孔洞，无固定形态，表面不平滑。这是由于含油污泥中存在的有机物使油泥聚集在一起而难以分离。加入絮凝剂和破乳剂后，在破乳、絮凝复合作用下，含油污泥中的水分基本流失，油分已析出并聚集在一起，形成颗粒体积较大的油珠，但并未与黏土分离，而是吸附于黏土上。通过离心分离处理后的含油污泥的微观结构从未处理时的小颗粒疏松状态转变为致密泥饼，结构由疏松变紧实，泥饼厚度增加，表明含油污泥经过调质离心处理后，含水率和含油率均已下降，从而实现了油、水、泥三相的有效分离。

（a）未经处理的含油污泥　　　（b）加入混合调质剂后的含油污泥

（c）调质离心后的含油污泥

图5-28　含油污泥电镜图像

第三节　稠油地下改质技术

稠油地下改质技术，可以通过裂化长碳氢链降低稠油的黏度，减少或除去沥青质和脂类，提高原油品位。其中，沥青质可能包含铁、镍、钒，这些物质会损害提炼设备。过剩的碳元素可能以焦炭形式留在油藏中。

经过改质的原油可以更容易地流进井筒（增加采收率），更容易被提升到地面，可能会不再需要管道运输中的稀释液。此外，稠油地下改质技术可以免去地面改质的设备，同样降低资本投入。在传统的热采方法中（比如SAGD），稠油在油藏中加热，但是产到地面后可能会冷却，可能需要重新加热来改质原油。因此，稠油地下改质技术同样可以获得更好的能量利用效率。

加热油藏有主要三种方法：注入蒸汽、火烧油层、电加热。由于稠油沉积层相对较浅，注入蒸汽的压力受到限制。最大蒸汽温度由理想气体状态方程决定。例如，在1000m的深度，地层压力接近10MPa，而允许的蒸汽温度只能接近300℃，要想在较短时间内显著提升稠油品质，这个温度太低了。火烧油层可以达到更高的温度（接近700℃），这个温度可以显著提升稠油品质。电力加热（电阻、电磁感应或无线电脉冲）同样可以获得显著提升稠油品质的高温。

稠油成分可以在足够高的温度和压力下被裂解为轻质组分。在稠油的高温裂解中，碳氢链中的碳碳键在热力作用下破裂，也就是振动能超过了碳碳键中的化学能。在没有氧气或催化剂的情况下，稠油可以发生裂解，但是这个过程中可能存在蒸汽。例如，蒸汽裂化和热裂化是在温度达到或超过800℃的炼油设备中完成的，这样的高温在油藏中很难达到。事实上，在低温条件下同样可以发生裂解，但是速度极慢。例如，在一次采油和火驱的条件下采出的原油密度、黏度和其他特性随时间推移而逐渐增加。

在热采过程中添加催化剂（如铁），即使在蒸汽注入温度较低的情况下对于稠油的地下改质也十分有利。某个加入催化剂的火烧油层水平井生产室内实验中产出了品质显著提升的原油。热裂化发生在燃烧区，通过在生产井中的催化裂化提高了原油品质。井下的催化改质产出的轻质原油具有低黏度的特点，易于转化成汽油和柴油。与用正常的天然沥青减压馏分油相比，该轻质原油在炼油厂流体催化裂化设备中的转化率更高。

参考文献

［1］秦文龙. 油田化学：英汉对照［M］. 北京：中国石化出版社，2019.

［2］詹姆斯 J 盛. 提高采收率现场案例研究［M］. 白振瑞，辛力，王友启，译. 北京：中国石化出版社，2018.

［3］王业飞. 油田化学工程与应用［M］. 东营：中国石油大学出版社，2017.

［4］姚俊. 油藏环境地微生物多样性及微生物驱油机制［M］. 北京：科学出版社，2019.

［5］詹姆斯 G 斯贝特. 稠油及油砂提高采收率方法［M］. 田冷，顾岱鸿，田树宝，译. 北京：石油工业出版社，2017.

［6］付美龙. 油田化学原理［M］. 北京：石油工业出版社，2015.

［7］陈铁龙，马喜平. 油田化学与提高采收率技术［M］. 北京：石油工业出版社，2016.

［8］杨昭，李岳祥. 油田化学［M］. 哈尔滨：哈尔滨工业大学出版社，2016.

［9］陈大均，陈馥. 油气田应用化学［M］. 2版. 北京：石油工业出版社，2015.

［10］张玉亭. 胶体与界面化学［M］. 北京：中国纺织出版社，2008.

［11］张玉平. 油田基础化学［M］. 天津：天津大学出版社，2006.

［12］李永太. 提高采收率原理与方法［M］. 北京：石油工业出版社，2008.

［13］赵福麟. 油田化学［M］. 东营：中国石油大学出版社，2007.

［14］国家能源局. 油田化学常用术语：SY/T 5510—2021[S]. 北京：石油工业出版社，2022.

［15］姚志翔. 超高密度水泥浆体系的研究与应用［J］. 钻井液与完井液，2015，32（1）：69–72.

［16］赫英明，巩明月.表面活性聚合物在油田化学中的研究进展［J］.辽宁化工，2022，51（1）：64-67.

［17］詹宁宁，张丽锋.油田化学防砂技术综述［J］.当代化工研究，2021（24）：5-13.

［18］王晓燕，张杰，蔡明俊，等.油田化学驱用部分水解聚丙烯酰胺环境基准值研究［J/OL］.石油学报（石油加工），［2022-02-23］.http://kns.cnki.net/kcms/detail/11.2129.TE.20211206.1754.002.html.

［19］杨新，马敬昆，尹继伟.油田化学剂质量管控的现状与探讨［J］.中国石油和化工标准与质量，2021，41（22）：13-14，19.

［20］宋小刚，皮富强，王鹏，等.延长油田化学清防蜡剂现场实验评价［J］.化学与粘合，2021，43（6）：481-484.

［21］马庆东.油田化学剂在油田污水处理中的应用［J］.化学工程与装备，2021（9）：277-278.

［22］约翰尼斯·卡尔·芬克.石油工程师指南：油田化学品与液体［M］.北京：石油工业出版社，2017.

［23］余兰兰，邢士龙，郑凯.复合调质剂的制备及在含油污泥处理中的应用［J］.油田化学，2019，36（3）：540-545.

［24］展逸枫.油田化学采油工艺技术发展探究［J］.石化技术，2019，26（10）：343-344.

［25］肖磊，孙林涛，张连峰.河南油田化学驱技术现状与发展［J］.石油地质与工程，2021，35（5）：67-71.

［26］卢海川，李洋，宋元洪，等.新型固井触变水泥浆体系［J］.钻井液与完井液，2016，33（6）：73-78.

［27］严志虎，戴彩丽，赵明伟，等.清洁压裂液的研究与应用进展［J］.油田化学，2015，32（1）：141-145.

［28］王童，仝坤，王东，等.稠油污泥处理技术研究进展［J］.油气田环境保护，2016（2）：52-55，62.

［29］冯少华.辽河油田含油污泥综合处理技术［D］.大庆：大庆石油学院，2008.

［30］余兰兰，宋健，郑凯，等.热洗法处理含油污泥工艺研究［J］.化工科技，2014，22（1）：29-33.

［31］袁志军.废弃钻井液无害化处理技术研究［D］.大庆：大庆石油学院，2009.

［32］余兰兰，邢士龙，郑凯，等.苯丙二酸钙改性生物可降解聚L-

乳酸材料的性能研究［J］.应用化工，2019，48（3）：620-624.

［33］王占生，李春晓，杨忠平，等.炼化"三泥"无害化处理技术及应用［J］.石油科技论坛，2011，30（4）：57-58.

［34］王万福，杜卫东，何银花，等.含油污泥热解处理与利用研究［J］.石油规划设计，2008，19（6）：24-27.

［35］姜伟.三元复合驱输油管结垢机理及除垢技术研究［D］.大庆：东北石油大学，2013.

［36］常巧利.超声阻垢技术的理论及应用研究进展［J］.榆林学院学报，2006，16（6）：42-44.

［37］刘振，王丽玲.动态实验研究超声波对碳酸钙结垢影响规律［J］.当代化工，2014，43（6）：935-938.

［38］黄帅.超声波除钙盐水垢试验研究［D］.成都：西南交通大学，2009.

［39］张艾萍，杨洋.超声波防垢和除垢技术的应用及其空化效应机理［J］.黑龙江电力，2010，32（5）：321-324.

［40］陈贤志.超声波传播及水处理性能的实验研究［D］.北京：北京工业大学，2012.

［41］彭小芹，杨巧，黄滔，等.水化硅酸钙超细粉体微观结构分析［J］.沈阳建筑大学学报（自然科学版），2008，24（5）：823-827.

［42］谢彩锋，丘泰球，陆海勤，等.超声作用下碳酸钙晶体的形态变化［J］.华南理工大学学报（自然科学版），2007，35（4）：62-66.

［43］蓝胜宇，黄永春.超声强化溶液结晶的研究［J］.广西蔗糖，2012，69（4）：23-27.

［44］Zhao R，Li X，Sun B L，et al. Nitrofurazone-loaded electrospun PLLA/sericin-based dual-layer fiber mats for wound dressing applications［J］. RSC Advances，2015，5（22）：16940-16949.

［45］Bai H W，Huang C M，Xiu H，et al. Enhancing mechanical performance of polylactide by tailoring crystal morphology and lamellae orientation with the aid of nucleating agent［J］. Polymer，2014，55：6924-6934.

［46］Wang L，Wang Y N，Huang Z G，et al. Heat resistance，

crystallization behavior, and mechanical properties of polylactide/ nucleating agent composites [J]. Materials and Design, 2015, 66: 7-15.

[47] 华笋, 陈风, 王悍卿, 等. 纤维素接枝共聚物对聚乳酸结晶性能和拉伸流变性能的影响 [J]. 高分子学报, 2016 (8): 1134-1144.

[48] Wu J, Zou X X, Jing B, et al. Effect of sepiolite on the crystallization behavior of biodegradable poly (lactic acid) as an efficient nucleating agent [J]. Polymer Engineering and Science, 2015, 55 (5): 1104-1112.

[49] Fukushima K, Tabuani D, Arena M, et al. Effect of claytype and loading on thermal, mechanical properties and biodegradation of poly (lactic acid) nanocomposites [J]. Reactive & Functional Polymers, 2013, 73 (3): 540-549.

[50] Gong X H, Pan L, Tang C Y, et al. Investigating the crystallization behavior of poly (lactic acid) using CdSe/Zn quantum dots as heterogeneous nucleating agents [J]. Composites Part B-Engineering, 2016, 91: 103-110.

[51] Shen T F, Xu Y S, Cai X X, et al. Enhanced crystallization kinetics of poly (lactide) with oxalamide compounds as nucleators: effect of spacer length between the oxalamide moieties [J]. RSC Advances, 2016, 6 (54): 48365-48374.

[52] You J X, Yu W, Zhou C X. Accelerated crystallization of poly (lactic acid): Synergistic effect of poly (ethylene glycol), dibenzylidene sorbitol, and long-chain branching [J]. Industrial & Engineering Chemistry Research, 2014, 53 (3): 1097-1107.

[53] Ke T, Sun X Z. Melting behavior and crystallization kinetics of starch and poly (lactic acid) composites [J]. Journal of Applied Polymer Science, 2003, 89 (5): 1203-1210.

[54] Cai Y H, Yan S F, Yin J B, et al. Crystallization behavior of biodegradable poly (L-lactic acid) filled with a powerful nucleating agent-N, N' -bis (benzoyl) suberic acid dihydrazide [J]. Journal of Applied Polymer Science, 2011, 121 (3): 1408-1416.

[55] Li C L, Dou Q. Effect of metallic salts of phenylmalonic acid on the

crystallization of poly（LHactide）［J］. Journal of Macromolecular Science, Part B： Physics, 2016, 55（2）：128-137.

［56］余兰兰，吉文博，王宝辉.防垢剂PASP的合成及其性能评价［J］.化工机械，2012，39（3）：291-294.

［57］余兰兰，郭磊，李妍，等.共聚物硅垢防垢剂的合成及性能研究［J］.化学反应工程与工艺，2015，31（5）：436-442，448.

［58］余兰兰，郭磊，郑凯，等.硅垢防垢剂ITSA合成及性能研究［J］.化工科技，2014，22（6）：35-40.

［59］吉文博.油田结垢处理技术研究［D］.大庆：东北石油大学，2012.

［60］余兰兰，吉文博，高英杰，等.三元共聚物防垢剂的合成与性能研究［J］.化工科技，2010，18（2）：34-37.

［61］孙旭蕊.油田防除垢技术研究［D］.大庆：东北石油大学，2014.

［62］王丹.油田含油污泥处理技术研究［D］.大庆：东北石油大学，2011.

［63］余兰兰，王丹，高英杰.油田絮凝剂的研究［J］.化工科技，2010，18（1）：39-42.

［64］余兰兰，郭磊，郑凯，等.超声波对硅垢离子的影响及防垢性能［J］.化学反应工程与工艺，2016，32（4）：366-372.

［65］余兰兰，吉文博，王宝辉，等.防垢剂EAS的合成及其性能研究［J］.化工科技，2012，20（2）：33-37.